这辈子，你一定要拼一次

花木蓝 著

煤炭工业出版社
· 北 京 ·

图书在版编目（CIP）数据

这辈子，你一定要拼一次／花木蓝著．－－北京：煤炭工业出版社，2016（2020.6 重印）

ISBN 978－7－5020－5331－4

Ⅰ.①这…　Ⅱ.①花…　Ⅲ.①成功心理—通俗读物
Ⅳ.①B848.4－49

中国版本图书馆 CIP 数据核字（2016）第 149917 号

这辈子，你一定要拼一次

著　　者　花木蓝
责任编辑　马明仁
特约编辑　郭浩亮　邢玉格
特约监制　朱文平
封面设计　刘红刚

出版发行　煤炭工业出版社（北京市朝阳区芍药居 35 号　100029）
电　　话　010－84657898（总编室）
010－64018321（发行部）　010－84657880（读者服务部）
电子信箱　cciph612@126.com
网　　址　www.cciph.com.cn
印　　刷　保定市海天印务有限公司
经　　销　全国新华书店

开　　本　900mm×1280mm $^1/_{32}$　**印张**　$7^1/_2$　**字数**　160 千字
版　　次　2016 年 8 月第 1 版　2020 年 6 月第 3 次印刷
社内编号　8188　　**定价**　38.00 元

前 言

这一生，漫漫几十年，你想要怎样度过呢？

可能很多人都没有思索过这个问题，只觉得时间走一天，自己就过一天好了。当把这个问题摆到你面前的时候，你会想些什么呢？

我们习惯了先考虑事情的结果，再去讨论事情的过程。那么，你这一生想要一个怎样的结果呢？是默默无闻地走完这一生，还是轰轰烈烈地过完这一世？是希望平平淡淡，还是希望一路精彩？是希望自己碌碌无为，还是希望能有所成就？是追逐一个梦想，还是任由时光匆匆流逝？

如果通俗地说，你想要在自己人生快要谢幕的时候，住上什么样的房子，开上什么样的车，想要一个怎样的职位，拥有怎样的子女，又让父母过着怎样的生活……

这些，你都想过吗？

小时候我们懵懂无知，吃好吃的东西，玩好玩的玩具，就能开心好几天，成长过程迷茫又彷徨，写满了日记本也没能写出自己的心事，等到我们真正成长起来，能够分辨是非，明白自己想要的东西，才慢慢开始自己的征程。

无论，你想要一个怎样的生活，有一个怎样的目标，这个过程只有一个字：拼。

什么？你说拼太累了，不愿意去拼。

那好，我问你，当你老到牙齿掉光，老到手脚无力，只能躺在摇椅上，微眯着眼睛看这个世界的时候，回想你走过去的这一生，你会作何感想？

每一天都是周而复始，每一天都在打发时间中过日子，过一天和过一年是一样的，过一年和过十年是一样的，唯一不一样的是，你渐渐老去，能做的事情越来越少。

你会后悔吗？

后悔自己只能靠回忆度日的时候，却发现生命里根本没有值得回忆的东西；后悔自己可以过更好的生活，却只能勉强活着。

我想你肯定也不希望，自己的生命长河里没有一丁点儿让你能够激情澎湃和热血沸腾的记忆吧！我想你肯定也不希望，当你老去，你的小孙子或者小孙女缠着你讲点儿年轻时候的故事，你却“囊中羞涩”，难以启齿吧！我想你肯定也不希望在最后生命终结的时候，带着遗憾离开这个世界吧！

所以，要拼，要努力，要奋斗，要让这一生精彩，要不枉费这一世来到这个世界上。

这一生几十年的光阴，说长不长，说短也不短。

这辈子，你一定要拼一次，没有任何理由。

最后，愿我们这一生，都能拼尽所有，去追逐我们心里那个值得追逐的梦想。

目 录

第一章
每一个梦想都能开出绚烂的花朵

人应该有一个梦想，没有梦想该是多么乏味和无趣呢？梦想就好像支撑我们活下去的兴奋剂，只要还有未实现的梦想，就能让我们激情澎湃，就能点燃我们心中的火焰，就能让我们继续怀揣着激情去继续燃烧。

愿我们的梦想，都能开出绚烂的花朵。

第二章
这个世界没有人不迷茫

你总说你迷茫又彷徨，可是，我想问，在这个世界上谁不迷茫呢？谁又没有一段迷茫又彷徨的岁月呢？我们都一样，会不知道自己想要的是什么，会不清楚自己想要做什么，会不明白自己人生的意义是什么。所以，我们更需要去闯荡，去闯出一个属于自己的世界，去得到一个属于自己的答案。

第三章
我相信没有坚持到不了的远方

一帆风顺从来都只是我们期待的美好过程，却从来不属于这个世界的所有事情。一路前行，我们总会遇到艰难险阻，困难重重，可凡事最怕“坚持”二字。我相信没有努力做不成的事情，也相信没有坚持到不了的远方。

第四章
来这世上是为了成为更好的自己

我们会看到一朵花随着时间的推移而慢慢开放，可让花朵开放的却并非时间，而是滋养花朵的阳光、空气、土壤和水，以及花朵自己积极向上的生命力。时间也会让我们渐渐成熟，可让我们越来越好的同样也并非时间，而是我们自己。一朵花来到这世上是为了开放，而我们来这世上走一遭，是为了成为更好的自己。

第五章
记得这一生你是为自己而活

你有没有想过这个问题——你，是为了谁而活在这个世界上？为了父母，为了爱人，为了子女，还是为了你自己？我想我们都应该记住，这一生我们是为了自己而活着，只有自己过得好，才能让每一个爱着我们和我们爱着的人幸福快乐。为了自己，其实也是为了所有爱我们和我们所爱的人。

第六章

为自己拼一次，因为我们终将老去

我们身边并不缺少老人，我们也可以预知自己未来的老年生活，既然知道自己终将会老去，你为什么还不抓紧现在的每一秒钟去让这一生过得精彩呢？去拼吧，没有理由。如果必须给一个理由，那应该是为了不在以后后悔，应该是因为我们总会老去吧。

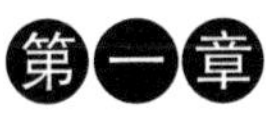

第一章 每一个梦想都能开出绚烂的花朵

人应该有一个梦想，没有梦想该是多么乏味和无趣呢？梦想就好像支撑我们活下去的兴奋剂，只要还有未实现的梦想，就能让我们激情澎湃，就能点燃我们心中的火焰，就能让我们继续怀揣着激情去继续燃烧。

愿我们的梦想，都能开出绚烂的花朵。

人人都需要一个梦想

从很小的时候便觉得，每个人都需要有自己的梦想。

记得在上初中的时候，我郑重其事地和同学说，我们每个人都应该有自己的梦想。结果遭到了同学的嘲笑，她反问我，难道没有梦想就不能活了吗？

我当时没有想出什么好的理由来反驳她，因为那个时候我自己也不是很坚定。

直到现在，每当我回想起她时，我都很想告诉她，没有梦想当然能活，但活着的只是躯体，灵魂早已腐朽。

我的一位大学同学沐沐，大学之前一直很听话，在老师和家人眼里，一直都是非常懂事乖巧的好学生和好孩子。

但正因为太听话了，老师和家人让做什么就去做什么。所以，她是个很没有主见的人，看上去也难免有一些木讷。

她说，小时候个子高，老师说你去练体育吧，她便去练体育。每天和体育生一起跑步，无论严冬还是酷暑，从未退缩过，最好的成绩曾是区里800米跑的第三名。后来，学业紧了，家里人便不让她练体育，她就毫无留恋地离开了校队。

她说，初中那会儿，我身材高挑，家里人觉得这样的身材学跳舞或者做模特最好。于是，家里人给她报了拉丁舞的培训班，她什么都不说就去学了。学了一学期还是两学期，她自己也忘了，反正直到现在，她的身上怎么也看不出一丝学过拉丁舞的痕迹。

初中，高中，大学。

每一个选择性的阶段，她的老师抑或是家里人就会说，你去这所学校吧，你要考到多少多少分……

她总是什么都不说，学习，考试，然后，就去了。

我问她，你想做运动员吗？她摇头。

我问她，你想学跳舞或者做模特吗？她摇头。

我又问她，你有喜欢的城市或者专业吗？她仍旧摇头。

我最后问她，你有什么梦想吗？她愣了一下，最后仍旧是摇了摇头。

问到关于梦想的话题之后，沐沐变得郁郁寡欢。她忽然觉得自己在过去的二十年来一直都是浑浑噩噩，从来都是别人说什么，自己就去做什么，她却不知道自己想要什么。

大三那年的暑假，沐沐忽然把自己多年不变的签名改了，写上了这样一句话：人就是应该有一个梦想。

沐沐的梦想再简单不过，做一个新时代的独立女性，一个时尚达人。

她说这个梦想来源于她最喜欢的《瑞丽》杂志，如果说有什么东西是她自己喜欢的，那就是她不会错过的每一期的《瑞丽》杂志。

这个梦想看上去很简单，可实施起来哪有那么容易呢？每个女孩子都期待自己成为一个时尚达人，那不是穿几件漂亮衣服就可以做到的。

首先，沐沐开始决定自己买衣服，坚决不让父母再为自己挑衣服。她会选择自己喜欢并且适合自己的，而不是父母觉得好看的。她开始买化妆品，开始在网上学习一些化妆技巧以及护肤窍门。

其次，她开始努力学习，一个新时代的独立女性不一定是学霸，但肯定不能是一个学渣。除了专业必备的知识之外，她开始买一些心灵修养以及励志类的书籍来充实自己。

最后，也是最难的，那就是独立。

想要独立，那就要从自己的钱包开始，经济独立，思想独立，人格独立，然后才能绽放自己的魅力。

于是，沐沐开了一家淘宝店，亲自跑南方去找货源，专门贩卖一些时尚感比较强的衣服、鞋子和包包。她还自己做了自己网店的模特，每天都会分享自己搭配的衣服。她充分利用自己在学校里的资源，差不多做了一年的时间，手里便有了大把的回头客。

现在的沐沐和原来相比，简直判若两人。连沐沐自己看到自己大一刚入学时的照片，也忍不住惊呼，妈呀，这是我吗？我当初怎么那么傻？

沐沐说，自从拥有了自己的梦想，她感觉自己每天都活得很充实。不像之前，如果有一天老师或者父母没有给自己说要做什么，她就会感到很迷茫，甚至一整天都会觉得无所事事。

而现在，她恨不得一天变成四十八小时，好多一些时间朝着自己的梦想进发。

现在的沐沐已经小有成就，淘宝店步入正轨，她自己也小有知名度。可她说还不够，她要让自己的淘宝店朝着高端一些的方向前进，希望有一天，她能够自己选材、自己设计、自己搭配、自己贩卖，做一个真正的时尚达人。

我想，对沐沐而言，这并不难。因为对一个有梦想并愿意为之努力的人而言，一切都不会太难。

上学的时候，我们所有人的成绩都是分为三六九等的，有第一名，也有倒数第一名。可能细心的人会发现，那些名列前茅的学生，心里总会有一个小小的梦想。有的人对某个城市情有独钟，想要通过自己的努力奔着那座城市而去；有的人对某个行业十分青睐，总想着有朝一日自己可以进入那个行业，成为行业翘楚；有的人对某件事十分期待，所以也在努力，期盼自己能够努力完成这个期待。

所以，你现在应该明白，为什么上学的时候总没有别人学习好了吧！答案就在你自己身上，因为你缺乏一个梦想。

有梦想的人总会比别人走得快一点儿，走得远一点儿。

因为心里有目标，只要朝着那个目标向前走就是了。而没有梦想的人，不知道自己的目标在哪儿，要么停滞不前，要么就像一只无头苍蝇般到处乱撞。

人本就应该有一个梦想，有了梦想，就有了灵魂，也就有了人生的意义。否则，生命就如同一口枯井，了无生趣。

梦想成真是什么感觉

梦想成真是什么感觉?

可能在这个世界上只有很少的人才能体会到那种感觉，毕竟能够梦想成真的人并不多，所以能体会到那种感觉的人自然也就不多。

但如果你问我这个问题，我或许会回答你，回想一下你六岁的时候最想得到的东西是什么。那时的愿望很简单，可能是一元包装精美的巧克力，可能是过年时脆生生的压岁钱，也可能是一个你念念不忘的布娃娃或者玩具汽车。

六岁时最想要的东西都很容易实现，撒娇也好，发脾气也好，大人们往往都会挑一个时机去满足自己的孩子。

当你拿到那块包装精美的巧克力，当你美滋滋地数着一沓沓压岁钱，当你抱着心心念念的布娃娃或者小汽车，我想说，那个时候的兴奋和激动乘以一百，大概就是梦想成真的感觉了。

也许你会认为我夸大其词，但我却觉得我说的实在太过保守，结合我自己的切身体会，我真的觉得那种感觉，乘以一千，甚至一万，都不为过。

很早的时候，我就梦想着能够出版一本自己的小说，让自己的名字、文字变成铅字，再变成一本本畅销书摆放到货架上，那该是多么的幸福啊。

后来，我的第一本纸质书出版了，是一本社科书，名字叫《大美人的生物钟美颜盛典》。虽说这本书不是小说，可是想着能够在上面找寻到自己的名字，能够触摸到那一个个真实存在的铅字，我连做梦都会笑出声来。

虽然我大学学的是运动人体科学专业，但这本书也涉及很多中医养生的内容，并教人按照中医的方式进行美容养颜。因此，我查了大量资料，也下了很大功夫。

可以这么说，这本书让我倾尽了心血。

那时，从完稿到上市我足足等了一年的时间。那一年，我做了无数的梦，梦见自己在书店里偶然间发现自己的书上市了。那一年，我时不时就会问一下编辑，那本书什么时候上市，以至于后来对于我的问题，编辑都不再理会。那一年，我时时刻刻都在盼望着这本书的到来。那一年，是我一生中最漫长的一年。

之后，当编辑告诉我这本书上市的时候，我每天都要在网上搜索无数遍，看看它到底上市了没有。

因为等不及编辑给我寄样书，我自己在网上直接买了。看着自己的名字就印在书脊上，那一刻，我忽然觉得全世界好像都开出了绚烂的花朵。

再后来，一个偶然的机会我出版了我的第一本小说《大叔，我爱你》。第一本社科书已经让我兴奋到极致，这本真正让我梦想成真的书，我已经不知道还有什么词语能够去形容我当时的心情。只是现在还清楚地记得自己拿到样书的时候，是如何抱着它左看右看上看下看的。

那本书我送给了很多人，亲朋好友，凡是我能想到的都送了，因为我想让所有人都来分享我的喜悦，因为我激动得想要让全世界都知道我的梦想成真了！

从十三岁开始断断续续写小说，到这本书的出版上市，我足足等了十年。

你十年里心心念念的一件事终于实现了，那是得到一块巧克力、一沓压岁钱或者一个布娃娃可以比拟的吗？

梦想成真的感觉，那是一种不能轻易体验到的美妙。惊讶、惊喜、感动，喜极而泣……就算给你所有形容心情无比激动和自豪的词语，就算你再懂得排列组合，没有亲身体验过，你都不可能表达出梦想成真的人那一刻的感受。

我有一个朋友是一位艺术课老师，在她小的时候，家庭条件很好，这让她一直过着上流社会的生活，但是很不幸的是家中发生了一些变故，让她骤然间失去了富有的生活。

她说从她突然认清现实那一刻开始，她就暗暗发誓要把这一切都挣回来，靠她自己的奋斗。

于是，她过得很辛苦，只因为她的执着，她的努力。

她拿到一大笔丰厚的薪水时，一个人跑去了伊势丹，买下了自己最喜欢的那个包，八千元。

她说，你可能会觉得我很庸俗，但是我就是这样一个人，我的梦想就是要过上优越的生活，我不怕辛苦，我只怕实现不了自己的梦想。

她还说，当我抱着那个包走出伊势丹的时候，我觉得就好像踩在云朵上一样，那种感觉，就像真的要飘起来了似的。

后来她有了第二个奢侈品，第三个，第四个……

认识她的人都觉得她的生活太过奢侈，也都艳羡她能买自己想买的一切。殊不知，这些都是她用汗水和泪水换来的。

那时，她的收入就是艺术课的课时费。

那时，为了增加收入，她跑到各个校区开课。

那时，她住在郊区里，每次上课都要倒三趟公交车。

同样是艺术课的课程，收费也是有高有低，有名气的老师收费自然高一些。于是她开始不断提升自己，有时间就去培训。随着学生不断出成绩，随着她的知名度不断提升，她的课时费也在不断上涨。

后来，她又开始承接年会表演之类的项目，又和别人合作开办艺术培训中心，这才有了她现在优越的生活。

过上优越的生活，可能是许多人梦寐以求的事情，可又有多少人付诸行动了呢？

这个世界上有很多感受是可以比拟的。比如前段时间十分流行的一个综艺节目，通过把仪器连接到人体上，让准爸爸去体验准妈妈分娩时到底有多疼。据观看者说，准爸爸当场痛哭。

可是，梦想成真的感受却是无法比拟的。因为只有你真正体会到那一刻，你才会知道那是一种什么样的感受。

好吧，纵然我说得再多，你也只能通过文字去猜测；纵然我“花言巧语”，你也只能是云里雾里。如果你也想体会梦想成真的感觉，那就从这一刻开始去付诸行动吧，去为了那一刻的到来，努力拼一把吧！

别把你的梦想寄托在别人身上

一位许久没有联系的同学忽然发来了一条消息。

她说，你知道我为什么一直关注你吗？

我当时有些迷惑。这位同学已经好久都没联系过我了，不过我发的每一条状态，她都会点赞或者评论，偶尔还会去空间里给我留言。

我问她为什么。

她说，其实我就是想看看一个人通过自己的努力是不是可以梦想成真。

我们两个说了很多。她说她其实一直在关注我，也会默默地给我加油打气，她还说她在我身上有很多寄托。

我问她，为什么不自己努力去验证一下这个命题呢？

她的回答令我惊愕：万一失败了，不白费力气吗？

我突然想起朋友给我讲的两个艺术生的故事。

有一年，一所小县城的学校里来了一位美术老师，也是全校甚至全县唯一的美术老师。她说着一口流利的普通话，长发飘飘，总喜欢穿一条灰色的棉布裙子。

她的到来激起了一些学生学习美术的热情。于是，学校里有了一个美术特长班，也有了一批美术特长生。

西西和小丁便是美术特长班的学生。

西西和小丁两个人从一入学就一见如故，因为她们都喜欢漫画，而且还喜欢自己涂鸦。她们两人有一个共同的练习册，上面是临摹的各种各样的漫画人物。这个练习册是她们的宝贝。

起初，因为没有地方可以学习美术，西西和小丁没有任何的绘画基础，完全就是照着漫画书来临摹，偶尔才会勾勒一下自己心里的漫画人物。尽管如此热爱，可她们心里很清楚，漫画永远都只能是她们的爱好，因为大学的相关专业都只招收美术特长生。

可是，这位美术老师的到来给她们带来了重生的希望。西西和小丁几乎没有任何犹豫便加入到了这位美术老师开办的美术特长班。

在这样的小县城里，传统思想根深蒂固，无论是老师，还是学生，抑或是学生家长，都觉得学习才是王道，什么美术音乐体育这都是可以取消的科目。所以，美术特长班并不能算得上一个班级，而是散落在各个班级里的学生，在每个星期特定的那么几节课过来上课而已。

一开始因为好奇，特长班里人数还不少。可时间久了，有的觉得腻了，有的觉得反反复复画一些东西实在乏味，有的是家里人觉得耽误学习。陆陆续续便有人退出了这个特长班。

尤其是到了高三的时候，美术特长班的学生只剩下十来个人了。

美术老师一再鼓励他们，如果喜欢，那就去坚持，美术作为艺术特长在高考中还是有优势的。

西西和小丁一直坚持着，因为有彼此的扶持，又因为十分喜爱。

随着高考的临近，学校的学习氛围也越来越紧张。

突然有一天，西西忽然满脸歉疚地对小丁说，我坚持不下去了。

小丁听到这话的时候一脸的惊恐，她甚至有些结巴地问，为什么？

两个人约好的，一起去参加美术特长生的考试，一起去上大学，然后一起画漫画，一起出漫画书，让将来的学弟学妹们也能看到她们画的漫画。

西西十分难过地说，我实在坚持不下去了，看不到希望，况且家里人也觉得这样没出息，他们只希望我能考上一所好大学，将来踏踏实实找一份工作。

小丁百般劝阻。

可西西去意已决，她把自己的美术用具都留给了小丁，临走的时候还说，小丁，你一定要带着我们的梦想去闯荡，我就把一切都寄托在你身上了。

西西走后，小丁的美术课上得十分孤单，偶尔也会有想要放弃的时候，可她无法忘记两个人曾经共同的梦想，于是咬牙坚持着。

到最后，真正走上美术特长生考场的人只有六个，小丁是其中的一个，也是考试成绩最好的一个。虽然和别人比起来相差甚远。

美术老师说她们能考出这样的成绩已经很不错了，毕竟很多人都是从五六岁开始学的，而他们只不过学了两年而已。

高考成绩出来了，小丁凭着良好的文化课成绩，最终被一家美术学院的漫画专业录取了，西西的高考成绩也不错，去了南方的一所一本院校。

从此，她们各奔东西。

因为艺术院校学费比较高，平时的开销也比较大，小丁一入学便开始兼职打工赚生活费，和所有人的联系都不多。

西西在南方的大学里每日都是浑浑噩噩，这所大学是父母为她千挑万选的，专业更是在网上查了诸多就业数据之后才选出来的。虽然不喜欢，可西西却觉得这才是一条正常的道路。

西西一直默默关注着小丁的情况，她知道小丁过得很辛苦，有一年还去小丁的学校看望了她。

那所美术学院并不是什么知名院校，学校也不大，跟西西刚搬进的新校区相比简直是天差地别。宿舍里拥挤不堪，堆满了各种美术用具。再看小丁，虽然已经上了两年的大学，可还是那个小县城里的小土妞儿，而她自己经过城市的熏陶，几乎看不到任何村子里的痕迹了。

西西仍旧在鼓励小丁，不过她也暗暗窃喜，幸好自己当初没有选择这条路。

大学快毕业的时候，西西发现自己的朋友圈、QQ空间，都被一条消息刷了屏，小丁的漫画书出版了！

小丁自己也很兴奋，到处求同学们转发，求同学们购书，求同学们宣传。她说这是她的第一本漫画书，是她的新起点，希望同学们能够多多支持她。

看到小丁新书的封面，西西的心十分落寞，原来努力真的可以梦想成真。

小丁果然实现了她们的梦想，而她自己呢？马上就要回到原来的小县城做老师了。兜兜转转，她最后只能回到原来的地方，而小丁的梦想刚刚起航，未来还有更大的空间。

故事到这里就结束了。

西西其实是我的一位朋友，她现在在老家的一所学校做了老师，日子过得十分安逸。但是，她说她经常在课堂上说的一句话就是，有梦想那就去追吧，不要奢望别人，你能依靠的唯有自己。

她说她做的最后悔的一件事，就是把梦想寄托在了别人的身上。她以为当小丁实现梦想的时候，她会无比高兴，就好像自己梦想成真了一样，可是当看到小丁的新书时，她才恍然间明白，那个梦想早已经和自己无关了。

所以，有梦，那就自己去追，别人追到的那是别人的梦，和你无关。

不要为了旅行而去旅行

“我的梦想是环游世界。”

我想看到这句话的时候，你一定不会陌生，因为这个世界上有太多的人把环游世界当成自己的梦想。

长大之后才发现，环游世界原来是那么遥不可及的事情，于是，默默地把环游世界的梦想变成了四处旅行。

“世界这么大，我想去看看。”

如此简短的辞职语一下子风靡网络，似乎又撩起了人们那颗向往旅行的心。好多人又开始准备行李出发去旅行了，总觉得不旅行人生好像缺少了什么似的。

可是我真的很想问一句，你有钱吗？

这个问题不免俗套，但却是一个再现实不过的问题，难道不是吗？没有钱，你用什么坐火车、高铁抑或是飞机？没有钱，你用什么住酒店、旅馆？没有钱，你用什么吃当地小吃、特色美食？没有钱，你用什么购买门票、参观景点？

或许你会说，可以穷游啊。网上不是有很多帖子，说花了多少多少钱去了欧洲多少多少个国家，说花几十元钱教你去西藏玩多少天，甚至有许多旅游类的书籍附有详细的攻略，大体的意思就是教你用少得不能再少的钱去哪里哪里玩。

这些帖子和书籍的真实性值得研究，我不得不怀疑有些人是为了博人眼球从而夸大了事实。

穷游，哪有那么容易！

我个人是非常不赞同穷游的。第一，玩不痛快；第二，很累很疲惫；第三，失去了旅行的意义。

毕业前夕，我和同宿舍的闺蜜进行了一次毕业旅行，五天四晚，将山东内陆游了个遍。先是去了济南，游了大明湖，看了趵突泉，再是去了曲阜，参观了“三孔”，最后爬了泰山。

我们还不算穷游，最起码找了正儿八经的酒店，也规规矩矩买了门票，当地的小吃也品尝了不少，纪念品也买回了一些。只是行程比较紧，回来之后一个星期愣是没有缓过神来。

回来之后，同学们都说你们好厉害，这么短的时间去了那么多地方，看了那么多景点。但是，我个人只给这次旅行打三颗星，五颗星满分的话。

因为很多时候都像在赶场一样，根本没有心情和精力去好好参观一下。

第一天到达目的地时已经很晚了，就在周边转了转。第二天去大明湖和趵突泉，我们转了好大一圈，那一天下来已经很累了。可是，第三天凌晨四点就要起床坐火车去下一个目的地，以至于到达曲阜之后，眼睛都还没有睁开就要去参观了，强打着精神逛完了“三孔”，下午又急忙奔赴火车站赶往泰安，晚上到达泰安之后，匆匆忙忙吃了一餐，就开始爬泰山了。那一整个晚上我们都一直在爬山，早上看了日出，又开始下山，接着又奔赴火车站坐车回家。

那次旅行的确让我长了不少见识，但是，我想如果时间充足一些，或许会更好。有了充分的休息，才会有充沛的精力，看风景的心情可能就会大不相同，体会文化的过程也可能会完全不一样。

在那之后，我便再没进行过如此仓促的旅行。

现在回想起来，那次旅行让我错过了太多的东西，它带给我更多的是疲惫和狼狈。好在有闺蜜一路相随，两个人还能讨论风景的变化、人文的思想，尤其是相互扶持爬山的时候，那种滋味真的是人生中极好的体验。

为了旅行而去旅行，这是我对那次旅行的总结。

后来有一次，我和左先生去爬了一次盘山，据说那是乾隆皇帝去了三十二次的地方，不仅风景秀丽，更是有着“早知有盘山，何必下江南”这样的美誉。

爬盘山的过程就如同取经一般，要翻越一个又一个的山头，然后到达主峰。让我和左先生感到诧异的是，这一路上都有缆车，如果你愿意，可以从山脚下一直坐到主峰，只不过中间换乘几次罢了，可能两三个小时盘山之旅就可以结束。

许多人也的确是这样做的。他们一路坐缆车到山顶，在山顶拍个照留个念，再买一些纪念品，尤其喜欢在山顶的某处刻上“某某某到此一游”几个大字，然后发朋友圈秀一下，得到一些艳羡，收获几许满足，然后继续悠悠然坐缆车下山。

我不禁想问，这样的旅行，意义何在？

盘山最著名的不是它的高度，而是它的风景，里面更是隐藏着多处诗文古迹以及独特的自然风光。如果坐缆车是看不到这些的。只是登个山顶发个朋友圈就当是旅行了，那何必多此一举呢？发一张PS的照片，不一样可以在朋友圈糊弄一下吗？

我有一个酷爱健身的朋友，很多人都觉得她的身材已经很好，没有必要折腾下去了，可是她却说，我之所以健身，是不愿意辜负这世界上的美食。

没错，她是一个吃货，但同时，她也是个很注重养生的人。现在大多的美食都太甜太油腻，吃多了不但会发胖，也会影响健康。而为了健康也为了美食，她不得不锻炼。所以，这才是她健身的目的。

而喜欢旅行的我们，之所以拼命努力工作，应该也是为了不辜负这世界上的美景吧！

努力工作，必定会有所收获，有了积蓄，每一年抑或是每个季度腾出一周的时间去旅行，走走停停看看玩玩，该是一件多么惬意的事情呢！

你可以住高档一点儿的酒店，让自己睡个好觉，养精蓄锐之后再去领略大千世界的美景；你可以去当地正规的地方吃最正宗的小吃，而不必为了节省money选择路边不正宗的大排档；你可以在累了的时候及时休息，而不必担心要多住一晚就浪费一晚的房费；你可以在疲惫之后选择放弃某个景点，因为再美丽的风景也经不住一颗疲惫的心的摧残。

旅行，是在换一种生活方式，是放松心态，是享受生活，而不是疲于奔命一般地挣扎和走马观花。

就像小时候老师总会说的一句话：玩，你就痛痛快快地玩；学，你就老老实实地学。

不要为了旅行而去旅行，先打拼，再来享受吧。

每一个梦想家都是孤独的

在我眼里，梦想和孤独就是一对双胞胎。

有梦想的人注定是孤独的，注定会度过一段孤独难熬的岁月。

当你有了梦想，你就会变得和别人不一样。你的想法、你的思维、你的行动，都会开始有所转变，而这样的你，在别人眼里是怪异的。

没有人理解的日子，注定孤独。

从初中开始写小说，我觉得我还算是比较幸运的，最起码会有人支持我。第一个支持我的朋友是我的同桌，她写字非常好看，因为嫌弃我的字丑，便特意买了一个漂亮的日记本专门誊抄我写的小说。

高中的时候，身边围绕着不少朋友，大部分都喜欢看我写的小说，大家围在一起讨论情节是最开心的时候。

我的孤独是从高三开始的，来得毫无预兆。

高三的时候，大家都在为自己的未来努力着，思想也更加成熟，说得最多的话题也是大学如何，城市如何，未来如何。

那个时候我还在写我的小说。

朋友说：别再浪费时间了，你还真的想成为作家啊？

同学说：你的东西能不能出版你自己心里最清楚，别做梦了。

就连一直在班会上强调要有自己的梦想、自己的追求的班主任也说，我不支持，也不反对，只想告诉你，没什么意义。

班主任还给我讲了另外一个人的故事，他说我不是独一无二的，他还知道学校里之前一个男生，喜欢写诗，每天都花好多的时间来写诗。

他问我，你知道他后来怎么样了吗？

我摇摇头。

他说，他后来出版了一本属于自己的诗集。

我心里一惊，这不是好事吗？能够出版自己的诗集，那说明梦想成真了。

可是，接下来班主任的话却让我的心凉透了，好像一盆凉水从头浇到了脚。

班主任说，然后就没有然后了，那本诗集也没有几个人知道，这男生后来种地去了。

我当然明白班主任的话，他的意思是，哪怕我的书真的出版了，我也会像那个男生一样，同样是没有未来的。

这比直接告诉我，你的梦想根本不可能实现，来得更狠，更彻底。

别人不理解、不支持也就罢了，就连自己的家人也反对。

我妈妈知道我写小说以后，骂过我很多次，每次考试考不好，她都会把这个理由找出来，说我不务正业，说我玩物丧志。

上了大学，我变得不敢和别人谈起自己的梦想，担心嘲笑，害怕失败。

那段时间，有了自己的笔记本电脑，便默默地把写在本子上的小说整理成了电子档存到了电脑里。

小说还是在默默地写着，偶尔我也会写一些散文抑或是小故事，给一些杂志投稿。

只可惜，所有的所有都石沉大海。

后来，当自己的书真的出版了，我又总觉得像在做梦一样。记忆里，那段孤独的岁月愈加深刻。

没有人支持，没有人理解，没有人鼓励，只有梦想和自己作伴。

也没有很糟糕，不是吗?

前段时间和一个初中同学媛媛联系上了，她说她定居在了海南，现在是当地的一名地方台主持人。

我当时诧异到了极点。

媛媛喜欢南方，在初中的时候，她就说过。

那时，班主任在开班会的时候问我们，如果上大学想要去哪儿，我们几乎有一大半的女生回答说，想去南方。老实说，我们北方的女孩子对南方总是有很多向往，总想要去看看传说中一年四季如春的南方是什么样的，就好像南方的女孩子想要到北方来看雪是一样的。

然而，真正到了可以做出抉择的时候，却很少有人选择去南方。

我们那个小县城出来的孩子，大多会选择天津、北京、石家庄这些离家近的城市，也有一些会去杭州、武汉的，只不过很少，即便是真的去那里读了大学，大部分也还是会选择毕业之后到老家附近的城市工作。

所以，当媛媛报考了海南的大学时，在同学眼中简直成了异类，大家都觉得她是个疯子，谁会跑那么远去上大学呢？

当然了，像我们老家那种小地方不是想报考哪里就能去哪里的，其中一个很重要的因素就是钱的问题。去海南，每年寒暑假来回的路费可能就让一般小家庭有些招架不住了，更别说海南的消费水平仅次于香港这样的大都市。

可媛媛还是去了。她说她就是喜欢那里，喜欢温暖的气候，喜欢辽阔的大海，喜欢水洗过的天空。

大学四年，因为路费昂贵，媛媛基本上每年只回一次家，做一些兼职来补贴自己的生活费。

去一个自己喜欢的城市上大学，去了解那里的风土人情，这好像并没有什么不妥。

可媛媛毕业后竟然决定留在那里，她说她太喜欢那座城市，她人生最大的梦想就是居住在一个自己喜欢的城市里，守着大海，守着蓝天，守着一年四季如同春天般的温暖。

大家更是觉得媛媛疯了，简直到了无可救药的地步。且不说海南离家那么远，一个北方农村里的小姑娘想要在海南这座旅游城市定居，那不是在痴人说梦吗？

大家都以为媛媛疯了的那段日子，媛媛是孤独的，没有人理解她，甚至在等待着她哪一天回老家看她的笑话。那时，大家都没有和媛媛联系，谁也没有她的消息。

等她出现在大家的视野中时，她已经在海南定居，成为当地电视台的主持人，并且有了一个可爱的女儿。

我问她，别人都觉得你疯了，你那个时候是怎么想的?

她说，没有梦想的人总会觉得有梦想的人是疯子。

我问她，那段没有人理解的孤独岁月，你是如何走过来的?

她发来一个微笑的表情，守着梦想自己过。

是啊，每一个梦想家都是孤独的，有人支持和鼓励，那是莫大的荣幸，而没有人支持和鼓励，那也是再正常不过的事情。

因为，没有梦想的人总会觉得有梦想的人是疯子。

白日梦可不是梦想

我的朋友小暖想要开一家西饼屋。

隔着手机屏幕，当我看到她想要开西饼屋的梦想时，我差点儿举起双手双脚来赞同。因为小暖是个十足的吃货，且兼有懒惰、不爱说话的性格。

你让她去做业务员到处跑业务，那根本不现实，她这人懒到极致，和你站在一起的时候，都要倚靠着你，她懒惰的程度可想而知。你让她去谈客户，但她又是真的不喜欢说话，和别人说话的时候也时常驴唇不对马嘴。

所以，当她表示自己要开西饼屋的时候，我真的觉得她找到了自己的人生理想。

首先，她爱吃，对吃的东西很有研究；其次，开西饼屋不需要她到处乱跑，除了买一些原材料之外，几乎都是在店里忙了；最后，也不需要她说太多的话，西饼屋四溢飘香的味道就是招牌。

小暖和我说这些话的时候，她正在一个小城市里做着一份保险员的工作，每月底薪一千八百元。因为她实在不擅长跑业务，基本上每月都只是拿个底薪而已，好在这份工作是无责任底薪，否则她可能连自己的温饱都解决不了。

我对小暖说，你先去一家连锁的西饼屋做员工吧，好好学一学，学习制作，也学习经营。她说这个主意不错，等我辞职，我就去试试。

之后我们的谈话常常围绕着西饼屋的话题进行。她说自己的西饼屋一定要有特色，最好是别的地方都买不到的，我说那你可要下功夫研究了。其实我觉得也不会很难，毕竟小暖是个吃货，研究吃是她最擅长的事情。

小暖说，等她的西饼屋开业了，一定要邀请我去参加剪彩仪式，还要注明某著名作家。我当时还是个毫不起眼的写手，听她这样一说，顿时觉得好有压力。我说那我可要努力了，得对得起你这“著名”二字。

小暖说，等她的西饼屋赚了钱，就在一个自己喜欢的城市买一栋带阳台的房子，要在阳台上种好多的花花草草；小暖说，等她的西饼屋步入正轨，她就多雇几个人，这样她就可以去旅行了；小暖说，等她的西饼屋做大了，她还要开连锁，就像那个传奇人物老干妈一样拥有自己赫赫有名的品牌……

这样的话，我听了半年有余。

后来，她再和我说这些的时候，我开始有意识地进行敷衍了。

直到有一天，我问她，你辞职了吗？

小暖说，还没啊。

我说，那你的西饼屋计划什么时候开始进行？

小暖发来一个撇嘴的表情，我也不知道。

我说如果实在想做那就去做吧，趁着年轻做点儿自己喜欢做的事情，不想去西饼屋打工，也可以报一个学习班。

小暖连声称好，说自己在攒钱，想找个地方，先卖卖面包什么的，她还说小买卖最赚钱了。

后来，我因为很忙，自己有许多稿子要写，便有很长一段时间没有和小暖联系。

有一天，忽然看见小暖改了自己的状态，说是自己换工作了。

我当时大喜，心想小暖的西饼屋计划看来开始实施了，便在QQ上问她，换了什么工作。

她发来一个大笑的表情，在我同学的店里帮忙，每月给我两千多元，还管吃，挺不错的吧？

听到这个消息，我真的有点儿失望，就问她西饼屋的事情。

小暖却显得十分无所谓。

她说，我想了想，那个根本不赚钱。我最近研究了一下，开鲜花店才赚钱呢，一支玫瑰能赚一半还要多，赶上节日能赚疯！

我当时“哦”了一声，便默默地关掉了聊天窗口。因为我大概已经猜到了接下来的聊天内容，说鲜花店如何如何赚钱，说赚钱了如何如何……

开一家西饼屋，不现实吗？

其实，我觉得并不是不现实的，只要踏实下来，肯学肯吃苦，一切都不是没有可能。

还记得我们学校之前有一个小面馆，就开在老旧的居民楼里，当时也就是一个单间的空间，一口锅，一个案板，其余的什么都没有。

那是一对小夫妻经营的小面馆，价廉味美，来吃面的人真的不少。那个小单间里只有四张桌子，基本上每次去都是满满的人，夏天的时候还在外面放了几张桌子。

差不多一年的时间，小面馆里多了个冰箱，里面放着各种各样的饮料，边吃面边喝冷饮，那简直惬意。小面馆也增添了新的品种，不再只是之前的板面，还添加了炸酱面、油泼面、打卤面等。

小面馆的生意仍旧不错。

后来，我大三的时候去过一次，猛然间发现那家面馆打通了两面墙，原来的一个单间变成了两大一小的三个单间，生意仍旧火爆。

大家应该都有这样的体会，临毕业的时候，总是会有许多怀念的东西，总想把学校附近好吃的好玩的再经历一次。

我们宿舍的姐妹想起那家小面馆，便想着一起去吃一次，可结果走到那里，却发现已经换成了一家小餐馆，老板也换了人。仔细一打听才知道，原来那对夫妻赚了钱，租了正儿八经的商铺开了一家饭店。

虽然，我们没能再回味一次那牛肉板面的味道，却真心为那对夫妻感到高兴。

去吃面的时候，听口音，他们应该是西北地区的人，来到大都市里，他们的梦想或许就是开一家饭店，然后扎根在这座城市里吧。

我不禁在想，有多少人把梦想做成了白日梦，又有多少人把白日梦当成了梦想实现了呢？

我的那位想要开西饼屋的朋友，可能一开始真的有这样的打算，可是终归只是嘴上说说，却从未行动，慢慢地把一个真正的梦想变成了白日梦。终日徜徉在这样的白日梦里，可能一辈子也无法实现自己的梦想。而那对开面馆的小夫妻，把别人嘴里的白日梦当成了梦想，经过四年日日夜夜的努力，终究将梦想变成了现实。

上面的故事有没有让你清醒？

你要相信，人当然要有一个梦想。

你也要切记，别把自己的梦想做成了白日梦，到最后，像庄生梦蝶，不过是梦一场。

有些现实，的确是不得不面对的残酷

理想很丰满，现实很骨感。

当这句话风靡网络的时候，我并不赞同，直到我和左先生开始对新家进行装修的时候。

我一直对浴缸这种东西有着莫名的好感。小时候看电视就觉得泡在浴缸里是一种享受，长大了去旅行，住的那家酒店有浴缸，尽管一再被警告酒店的浴缸很脏，我还是舒舒服服地泡了一个澡。所以，很久很久之前我就暗暗在想，等到自己安了家，一定要在卫生间里装一个大浴缸。我甚至无数次地幻想过，躺在温水里，在身体上搓着泡泡，听着音乐，那是一种怎样的舒适和享受!

可结果拿到新房的钥匙走进去一看，浴缸的梦瞬间被摔得稀巴烂。那卫生间小得还真是可怜，别说是浴缸了，能把洗脸盆、洗衣机、热水器装进去就不错了。因为卫生间太小，我们甚至不得不计算着洗衣机只能买多大的，热水器只能买多大的，洗脸盆只能买多大的。

后来，左先生跟我说想在房子里装浴缸那必须得很有钱。现在的房子大多都是高层，公摊面积很大，剩下的面积自然要紧着主卧室和客厅，于是就不断压缩卫生间和厨房的面积。想要装浴缸，真的需要一套很大的房子，抑或是别墅。

于是，我开始重新审视这句话：理想很丰满，现实很骨感。

我们的确曾有太多太多的梦想或是理想，也曾在脑海勾勒了一幅又一幅美丽的画卷，却一次又一次被现实打回了原形，就好像过了十二点，灰姑娘的魔法就失效了一样。

但是，就因为现实如此骨感，我们就要妥协吗？

我姑妈家的表妹从小就长得很标致，在村子里那可是出了名的小美女。小表妹很喜欢跳舞，五六岁的时候，村子里有秧歌队，她就拿着一把扇子跟在队伍后面有模有样地学着。大人们看着只是图个乐呵，可舞蹈的种子却已在小表妹的心里深深地扎了根，就等着发芽，破土而出。

每年六一儿童节，小表妹都会参加节目的演出，但是那个时候村子里根本没有什么专业的老师，哪怕是六一儿童节的节目也只不过是照着书上抑或是光盘上学个样子罢了。

小表妹上初中的时候，遇到了学校里的音乐老师。那位音乐老师原本是学跳舞出身的，但是因为学校里没有舞蹈课程，她便担任了音乐老师，反正对于乡村这样的地方，音乐课本身就是可有可无的课程罢了。

那时，每当学校要举行晚会的时候，音乐老师就会组织学生们排练节目进行表演，偶尔县城里也会为了丰富学生的课余文化生活举办比赛之类的，音乐老师也会组织学生代表学校参赛。

小表妹就是借助这些机会和音乐老师越来越熟的。音乐老师是大学毕业，她和小表妹讲了很多她年轻时学舞蹈的故事。

从那时候开始，小表妹决定自己要学跳舞。也是从那个时候开始，她才知道，原来跳舞还可以成为自己的梦想，自己的职业。

通过音乐老师的介绍，小表妹在县城里找了一位舞蹈老师。这个舞蹈老师还算比较专业，只是学生少得可怜，毕竟在这样的小县城里，大家觉得学习文化知识才是王道，什么唱歌跳舞画画，那都是不务正业。

上了高中，小表妹更是坚定了自己要学跳舞的决心，她想要通过艺考上大学，让跳舞成为自己的专业。

但是，她不得不面对三个现实：

第一，缺乏专业而有经验的指导。小表妹跟着的那位舞蹈老师虽然是舞蹈专业毕业，但是和城市里那些老师比起来还是差得很远，她能不能帮助小表妹通过艺考是一个很大的未知数。

第二，巨大的艺术生花费。小表妹家的生活条件并不好，跟着那位舞蹈老师学习跳舞已经让家里的经济有些吃力，如果考上了将来花费会更大，如何支撑她继续学下去呢？

第三，薄弱的舞蹈基础。那些真正学舞蹈的孩子可能从五六岁就开始进行严格系统的训练了，身材比例和气质，一眼就能看出是学跳舞的。而小表妹上初中才断断续续开始练习跳舞，身体已经基本定型，气质更别说了，土生土长的村里姑娘，顶多就是淳朴。

当时，所有人都劝小表妹别学了，还不如好好地学习文化课，将来考上一所好大学，跳舞？当成兴趣爱好就好。

当时的我已经上大学了，放暑假回来知道了小表妹的情况，便和小表妹好好谈了一次，我把三个大现实摆在她面前劝说她。

可是，小表妹仍旧是摇摇头，不，我就是要学，这是我的梦想。

后来开学了，对于小表妹后面的情况，我也就不清楚了。再后来就听到家里人说，小表妹还是一意孤行参加了艺考，报考学校的时候，选择了甘肃的一所学校，学的是舞蹈专业，偏向于舞蹈老师的培养。

我不知道小表妹吃了多少苦，只知道她们那一届参加艺考的舞蹈艺术生有十来个人，考上的只有她一个，别人的分数都不够，只能上一所专科院校，而小表妹是本科。

据说以小表妹的分数虽然上不了顶尖的学校，但是在天津或是北京、上海、广州这样的大城市上学还是没问题的，可小表妹却选择了甘肃。因为甘肃的消费水平低一些，学费相对大城市也低很多，她选择甘肃可以减轻家里的负担。

有些现实，她不得不面对。

有些现实，她选择勇敢地面对。

大学暑假期间，小表妹总会回到原来学跳舞的地方去当老师，专门教小孩子们跳舞，偶尔也会辅导一下参加艺考的学生，好为下学期筹集一些生活费。

现在小表妹已经毕业，去了北京并成为一名舞蹈老师。

当年的三个现实就如同三座大山一样压在年少的她身上，如今都被她拍得粉碎。

生活中，有些现实的确是不得不面对的残酷。只是，越是残酷，我们越是不能违背自己的初心，越是要和残酷竞争到底。

因为我们的人生从来都只有两种选择：第一，征服现实；第二，被现实征服。

你还有未实现的梦想吗？

清晨醒来，忽然发现微信里有一条未读的消息，一位朋友琪琪在凌晨一点钟的时候发来的。原话是：你还有未完成的梦想吗？

我收拾妥当才回复她的消息，问她大半夜的抽什么风。

她过了许久才说，我觉得生活好无聊。

在我认识的人里，琪琪算是佼佼者。她家庭条件不错，人又比较踏实上进，大学毕业后，在家人的资助下租了一个小店铺卖毛绒玩具，后来开始卖一些女生喜欢的小饰品、小礼物之类的。

她这个人最喜欢毛绒玩具，上学那会儿，她说自己的梦想是将来要么开一家卖毛绒玩具的店，要么嫁给一个卖毛绒玩具的。

琪琪对毛绒玩具的喜爱简直达到了癫狂的地步，她的房间里全都是大大小小的毛绒玩具。她过生日的时候，收到的礼物也全都是毛绒玩具，因为送她别的东西，她也不会喜欢，但是哪怕一样的毛绒玩具，你连续送她好几年，她也照喜欢不误。

谁知道大学一毕业，她的梦想就实现了呢。

开店才两年，小店一扫起初的亏本经营，如今已是火爆非常。自从有了微信营销后，她又建了一个微信账号，经常发布一些新款的毛绒玩具，有时候顾客来不了，她还可以发快递。她的毛绒玩具都是精挑细选出来的，凭她玩毛绒玩具这么多年，卖起来那简直易如反掌。

如今，她的小店已做得风生水起。

那天晚上，她并不是抽风才给我发了一条那样的消息，而是觉得生活实在无聊。

她说，每天的生活就像时钟一样，秒针转一圈分针动一下，分针转一圈时针动一下。每天早上起来开店，吃早点，然后迎接顾客，顾客多的时候会忙一阵子，顾客少的时候会闲得发慌，除了玩游戏就是玩游戏。隔一段时间，定时清点货物和款项，开始总结卖得好的产品然后向厂家订货。

生活一成不变，简直无聊透顶。

她和别人说的时候，别人就说她是身在福中不知福，所以也就只有和我念叨念叨了。

其实，琪琪的生活的确令很多人都艳羡。她的小店盈利不错，爸妈已经开始拿退休金，公婆也开始了退休生涯，四个老人都很健康，且不需要她和老公赡养。她和老公买了一套三室两厅的房子，付的是全款，没有贷款的压力，前段时间还提了一辆二十多万元的车给老公开，自己开了一辆十多万元的车。

还不到三十岁的年纪，好像已经真的没有什么经济压力了，这难道不是很多人都羡慕的生活吗？

琪琪说，我真的觉得生活好像没有意义了一样。

这让她觉得像是小时候放暑假一样。前三天就把暑假作业写完了，剩下的漫长两个月除了玩儿，还是玩儿，可玩不了几天就不知道玩什么了，每天都过得好像是地里的野草，风往哪边吹，就向哪边倒。

她说，还不如上学的时候，每天沉浸在毛绒玩具的世界里，研究什么材质的毛绒玩具手感最好、什么款式的毛绒玩具样式最漂亮，然后攒着所有的零花钱只为橱窗里最喜欢的那个毛绒玩具。可现在守着自己的店，看着一屋子的毛绒玩具，她已经兴趣全无。

所以她才会问我，还有没有未实现的梦想。

我忽然想起有一次和左先生一起去拜访市中心的一位亲戚。那个亲戚是左先生父辈一代的人，他们家并不大，但是装修得富丽堂皇，据说连一块瓷砖都是买的最好的。

去的时候，那家的女主人接待了我们，茶几上摆放着瓜子、苹果和香蕉，饭后那女主人就一边磕着瓜子一边和我们聊天。

他们老两口刚刚退休，在国企工作了一辈子，退休金还不错，家里只有一个孩子，且已经工作了也结了婚，不需要他们老两口接济什么。

说话间，我了解到，那女主人每天的生活就是躺在沙发上嗑着瓜子，看着电视，偶尔出去跳跳广场舞。

说这些话的时候，那女主人脸上的表情没有一丝喜悦，好像这是再普通不过的事情。

我想，如果别人听了这些话肯定羡慕得不行，毕竟作为同龄人，他们可能没有退休金，也可能在孩子过得不好时还要去接济，想过上这样的生活实属不易。

我忽然在想，如果忙碌了好一阵子，忽然有一天放松下来磕磕瓜子，看看电视，舒舒服服地躺在沙发上，那可能是一种享受。但是，如果每一天当自己睁开眼睛的时候，就知道自己这一天的生活仍旧是嗑瓜子、看电视、躺沙发，可能谁都不愿意睁开眼睛了吧？

再看琪琪，她终于不堪忍受无聊的生活。她给自己的毛绒玩具店请了一个小帮手，然后又给自己报了一个业余的卡通漫画学习班。她说她准备学画画了，将来要设计自己喜欢的卡通漫画，然后做成毛绒玩具，没准儿还能打造一个属于自己的品牌呢。

开始上学习班之后，琪琪又恢复了那个爱玩爱闹的琪琪，不再像之前那样每天都毫无精神。她说，仿佛又找到了自己的人生目标，尽管这目标很遥远，可心里却充满了希望。

故事到这里终于结束了。

此时此刻，你不妨问问自己：我还有未完成的梦想吗？如果有，那么恭喜你，你还没有被生活抛弃，你还拥有积极向上的态度和一颗不屈不挠的心，你正过着一种名为充实的生活。

其实，梦想就如同指路明灯一样，有了它，我们才有了目标，才找到了生活的意义。

其实，生活就是一个造梦、追梦、实现梦的过程，周而复始，不一样的是，每一次的梦想都不一样，每一天的生活也就不一样。

愿你我都还拥有未实现的梦想。

愿你我守着自己的梦想，一路走，一路跑，一路追，充实地过完这一生。

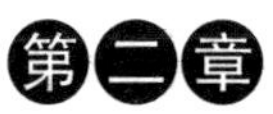

这个世界没有人不迷茫

你总说你迷茫又彷徨，可是，我想问，在这个世界上谁不迷茫呢？谁又没有一段迷茫又彷徨的岁月呢？我们都一样，会不知道自己想要的是什么，会不清楚自己想要做什么，会不明白自己人生的意义是什么。所以，我们更需要去闯荡，去闯出一个属于自己的世界，去得到一个属于自己的答案。

哪有时间患得患失

好朋友小美要去韩国了，问我需不需要带点儿化妆品回来，我说不需要，她用一个白眼表示对我的无语。

她说，听到我说去韩国的消息，大家都乐得屁颠屁颠的，争着抢着让我带这带那，就你傻，有便宜都不占。

我嘿嘿一笑，却反而羡慕她的乐天属性，没心没肺。

小美这女人整天东跑西颠儿的，今天是韩国，明天是台湾，后天可能就去新加坡。

我问她，你这女人天天乐乐呵呵的，也没个烦心事儿，你是怎么做到的?

小美冷哼了一声，回了我一句，我人美钱多有奋斗目标，哪有那个时间患得患失啊!

说完这句话，小美拉着自己的枚红色拉杆箱走进了安检，和我挥了挥手，便迈着笃定的步伐，朝着她的韩国之旅出发了。

这个年代，哪个人不患得患失，每天想东想西的？这个妞儿过得真潇洒，让很多人都自叹不如。

回到家，小美最后丢给我的那句话，仍然在我脑海中回旋徘徊。

我人美钱多有奋斗目标，哪有那个时间患得患失啊！

去掉前面的“人美钱多”，只剩下“奋斗目标”四个字，毕竟不是所有人都像小美有那样好的条件的。我把我的几个朋友A、B、C罗列了出来。

朋友A，比月光族好一点儿，毕竟不是每个月都能把自己赚的那点儿辛苦钱花个精光。拥有一份十分“稳定”的工作，时间稳定，工资稳定，工作内容也稳定。

隔三差五就能收到A的抱怨电话，“我分手了”“我又失恋了”“我想换工作”“我和老板吵架了”“好无聊啊，你在干嘛”“哪天出去逛街，快闷死了”……

A虽然没有说过“我很迷茫”这四个字，但是从她的各方面表现来看，她是一个再迷茫不过的人，每天都不知道自己要干什么，有一大把的时间，却从来都是在打发时间中度过的。

朋友B，每天都在嚷嚷着要辞职，每天都在嚷嚷着“度日如年啊”。她在一家大企业工作，一个普普通通的文员。她的性格大大咧咧，最耐不住性子，却选择了这样一个工作，难怪她会每天嚷嚷着辞职。

可是，即便是嚷嚷了无数次辞职，她也没能狠下心来去辞职。于是，她每天的生活还是在嚷嚷着各种毫无意义的话语里度过。

朋友C，和小美属于同一种类型，三十出头的人经常打扮得像是一个大学生。她是一家学校的聘用教师，不在编，人很自由，因为技术水平过硬，外面好多家培训基地想要让她过去兼职。她也来者不拒，因为不是在编人员，所以也不受限制。

听到C说的最多的一句话就是，“哦，坏了，我没时间了”，她一直都很忙，能把她约出来逛街，那简直是莫大的荣幸。这女人有着令人艳羡的冻龄容貌，都说过于劳累，人会快速衰老，可她好像越活越年轻了。

通过对比这几个朋友的状况，我忽然得出了一个这样的结论：越是努力，越是积极向上的人，越不会患得患失，越是浑身都充满正能量，也越是成功。而越是消极，越是抱怨，越是每天唠唠叨叨的人，越是负能量爆棚，人生也越是失败。

而我开头去掉的“人美钱多”这个条件，似乎也是可以加进来的。越是努力和积极的人，越是人美钱多，越是消极和抱怨的人，越是不能达到这个标准。

小美就是个很典型的例子。

你可能会觉得一个经常出去旅行的女人，应该是一个富二代吧，或者有一个很有钱的男朋友吧。这你就想错了，小美不是富二代，家里的父母也只不过是工薪阶层，现在退休在家，吃喝不愁，但是也没有太多的存款，能够给小美帮上的忙十分有限。

小美是完完全全凭借自己的双手越活越美的。她是一名化妆师，一开始在一家影楼工作，后来觉得没什么前途，便和自己的一位朋友合伙开了一家工作室，做婚纱摄影。

影楼里拍出来的东西大多千篇一律，小工作室有小工作室的好处，那就是会个性化一些，有什么想法都可以和摄影师、化妆师沟通。

小美是个很有灵性的姑娘，加上和她搭档的摄影师又是个个性不羁的人，拍出来的婚纱照也就非常漂亮，很是受现代年轻人的喜欢，所以他们的小工作室越来越红火了。有一次，他们受邀在一家团购网站做活动，套餐价格3888元，顾客多得差点儿没把两个人累死，甚至有人差不多一年的时间，都没能约上小美。

小美还经常会做新娘的跟妆，随着工作室开始小有名气，她的收费也是水涨船高。

后来，工作室的生意越来越火，小美便和自己的合伙人商量，不能把工作室搞臭了，只能走精，不能走量。和小美合作的摄影师也不想成为一个批量生产商，平时总是拍照片，他也需要时间去寻找拍摄的灵感。于是，两人一拍即合，规定每个月对多少对准新人拍摄，剩下的时间各忙各的。那一类团购再也没搞过。

于是，也就有了一个人美钱多有奋斗目标，没时间患得患失，经常东奔西走的小美。

有一次，小美来找我，恰好那会儿我心情不太好，坐在沙发上发愣。

小美直接推了我一把，你有这工夫，还不如敷个面膜呢！

对啊，有这个时间坐在沙发上生闷气，还不如敷个面膜呢？做点儿什么事情不好呢？

有的时候，我们就是太过于在乎自己的想法，太患得患失，太容易想东想西了。

让自己忙碌一点儿，充实一点儿，找一个目标，去拼搏，去奋斗，哪怕只是为了一个欧洲之旅玩命攒点儿钱呢，也总比坐在沙发上呆呆地发愣强得多吧！

当你真的忙起来，你就顾不上患得患失，顾不上迷茫了。

你都在学校得到了什么

我们这一生里，大部分迷茫的时光都是在校园里度过的，尤其是大学的校园里。

小学，初中和高中，在老师和家长的督促下，我们一直忙于学习，时间并不给我们迷茫的机会，即使迷茫了，也总会有人及时给我们解惑。而到了大学里，少了老师的监督，少了家长的唠叨，属于自己的时间多了，迷茫的时光反而开始了。

但我想问的是，在这段迷茫的时光里，你是如何自我救赎的？最后，你都从学校得到了什么？

是各类游戏的升级技能，还是打发时间的各类娱乐节目？是每天连续睡十二小时的秘籍，还是如何逃课的技巧？是如何夜猫也不犯困的法宝，还是看泡沫剧的各类心得呢？

我想可能很多人看到这些都会笑而不语。

我的好几个大学同学都被称为睡神，他们每天都可以睡到第二天十二点钟，甚至吃过午饭还能继续睡到下午四五点。还有一些人据说网络游戏玩得那叫一个好，都已经到了可以教徒弟的地步。

这就是你在这段迷茫的时光里对自己的交代。而你又为什么迷茫？因为你闲得无聊，闲得发慌，因为你把所有的时光都用在了打发时间上。

时间是最公平的，你用尽一切办法打发了时间，它同样会在毕业的时候给予你意想不到而又最最丰厚的“回报”。

我很幸运的是，在高中的时候听过一次讲座，从而能够让我在大学里尚能保持着清醒的头脑。

那次讲座是在我高二的时候听的，演讲人是从我们那个小县城里走出去的一位清华学生，也算是我们的学长，因为他的妈妈是学校的老师，学校才有机会把他请过来开讲座。

当时他即将毕业，正面临一个抉择，一份offer来自国内一家企业，年薪十五万元，一份offer来自一家中外合资企业，年薪十万元，并给他一个出国培训的机会，未来一片光明。

那个时候大学生就业难的问题已经浮出水面了，清华大学毕业的学生就一定找得到工作吗？学长说当然不一定了，每个学校里都会有好学生和坏学生的区别，每个学校也都会有一毕业就有offer等待的学生，和一毕业就失业的学生。

一切在自己，而不是学校。

学长说在清华的校园里也有混日子的学生。他认识的一位朋友，在高中时代铆足了劲要考清华，几乎昼夜不睡，通宵看书，第一次考上了另外一所重点大学，他没有去，非清华大学不上。复读一年之后，终于接到了清华大学的通知书。

然而，进入清华大学之后，学长的这位同学就开始懈怠了，他觉得反正也考上清华了，等他毕业出去工作的时候，顶着清华的名号，总不会被其他学校的人比下去吧。于是，他开始混日子，以至于四年来每次考试都是勉强过关。

可结果毕业的时候去面试，还是被许多人比下去了，甚至有些面试官质疑他的清华学历是假的。

期间，学校的老师请学长给我们讲一讲他成功的秘籍。他说成功的秘籍没有，他只能讲讲自己的大学生活是如何度过的。

学长说，大学时，他最喜欢的地方是图书馆和操场，最喜欢做的事情就是读书和跑步。学校的图书馆是学校最好的地方，可以解答你的一切问题，那些古老的书籍里包含了太多太多的答案，你想找，就一定能找到。而学校的操场可以让你在迷茫的时候寻得一些安慰。因为跑步的时候，也是思路最清晰的时候，你可以放空一切，很多问题也会在那个时候得到解答。当然，跑步还有一个好处，那就是保持健康。

讲座结束的时候，学长说，等你们到了大学的校园里，一定要爱上两个地方：一个是图书馆，另一个是操场。

这句话我起初并未在意，大一大二都在忙着做兼职。下了课，没有兼职的时候，也都是在宿舍里看电视剧抑或是玩游戏。那个时候我疯狂地玩着植物大战僵尸，就想看看最后通关之后是什么，结果一直玩到了通关，当然也浪费了时间。

我是在大三才开始跟着同学一起去泡图书馆的，有时候写写作业，预习或者复习，有时候就翻看图书馆里的书。我每次都会选择靠窗的位置，因为阳光升起来的时候正好可以晒到，晒着暖暖的阳光，翻看着书，偶尔写写画画，那种感觉真的很惬意。

那时，我读了路遥的《平凡的世界》，厚厚的三大本，也读了村上春树的《当我谈跑步时，我谈些什么》，还看了一些国外名著的中英文译注版。现在想来，看过哪些书已经记不太清了，只是觉得，那个时候的每一天都很充实。

与此同时，我也爱上了操场，隔一天去跑一次步，跑步的时候会想很多事情，也会放空自己。难过的时候去跑步，委屈的时候去跑步，不知道做什么的时候去跑步，跑着跑着，很多无法解决的事情便迎刃而解了。

所以，我经常会说我只有大三和大四过得才是真正的大学生活。

你呢？你从学校里得到了什么？现在又过着怎样的生活呢？

我记得毕业之后的一段日子，偶尔和同学联系。有人说，我觉得我大学里一直都在迷茫，迷茫来，迷茫去，最后也不知道做了些什么，好像白过了一场。

其实我想说，毕业之后的生活完全是上学时付出的结果。你在学校里播种了什么，毕业的时候就会收获什么。

那些在学校里一直在玩游戏的，在毕业之后收获的无非是玩游戏的技能；那些在学校里看泡沫剧的，在毕业之后也会收获各种电视剧的套路规则；那些在学校里睡觉的，在毕业之后也会收获到了时间就犯困的习惯。

而那些在学习里不断充实自己的人，在毕业之后也将会收获属于他们的充实的生活。

不要等到毕业以后，开始工作了，才知道应该打拼了，其实，竞争从学校里就已经开始了。

从这一刻起，收好你的迷茫，开始努力吧!

你究竟在迷茫什么

上次提到的那位清华学长来我们学校开讲座的事情，还有一个令我印象深刻的地方。

那场讲座快要结束的时候，学长给了我们一些时间来提问，而他也会以一个过来人的身份为我们释疑解惑。

当时，好多人都纷纷举手发言，以至于这场讲座又持续了一个小时。当时问的问题很多，我大都记不清了，却唯独有一个记得清清楚楚。有一个同学问，学长，都说现在掌握一门外语很重要，有人说学英语好，有人说小语种比较走俏，究竟是学好英语走天下呢，还是学一门小语种前程无忧呢？

这个问题一出，全场发出了惊叹声。因为对我们那些来自农村的孩子而言，这个问题显得太有学问，甚至对我们这些只知道语数外物理化的人来说，都不太了解什么是小语种，而他已经开始在考虑到底是要学英语，还是学一门小语种。

我们都纷纷期待，看学长如何回答这个问题。他应该会很欣赏这样的同学吧？

结果，学长的回答让我们出乎意料。

学长笑了笑说，这个问题等你上了大学再问吧，你现在的问题是如何考上大学。

我把目光转向提问的同学，他撇了撇嘴，很显然觉得自己丢了面子，不过，也没有说什么就坐下了。

不管怎样，这个同学却在学校里走红了。他叫映辉，和我们是同一年级的学生。他非常喜欢看书，看新闻，可能家里有什么亲戚在市里工作，因此他对城市的许多情况都知道，比如肯德基和麦当劳的区别。而我们这些人连肯德基、麦当劳都没有见过，更别说吃了，对于它们二者的区别也就更不知道了。

映辉一时间很受追捧，用现在的话说，那个时候的他就好像是一个文艺青年，浑身散发着与众不同的气息。

他高一的时候学习很好，到了高二也还算不错，唯独高三的时候，学习直线下滑。那个时候，大家都忙着备战高考，也就没有人理会他了。

据说老师们轮流找他座谈，希望他能找回自己的状态，先把高考这一关过了再说。可是，并没有什么效果。

他的同班同学说，他换到了靠窗户的位置，经常看见他托着下巴，歪着头盯着窗外看。你若问他在想什么，他通常会回答，我在思考人生。

后来他很喜欢的一位老师找他谈话，问他现在为什么这样，他说自己感到很迷茫。老师问他，你在迷茫什么。

他说，我不知道我将来干什么，好像很多职业都不是我自己喜欢的，如果我找不到我喜欢的职业，那我现在考上大学又有什么用呢，还不是混日子。

老师很无奈，你现在考不上大学，你将来只有一个唯一的职业，那就是农民。

尽管老师的话很犀利，可仍旧没有把映辉唤醒。他仍旧觉得，只有找到一个他喜欢的职业，才会为了这个职业去努力。

映辉最后的高考成绩很差，原本能上一本院校的他，最后只能上一所专科院校。

后来，就没有他的消息了。不知道上了大学后，他是不是还在迷茫，是不是还在思索自己喜欢什么职业。

其实上大学时，我也有一段迷茫的时期。那段时间我已经开始写稿子赚稿费了，忽然有一天，写着写着稿子，就停顿下来。

我问我自己，是不是将来要做一名专职写手？或者做一名编辑？这是我想要的职业吗？我会喜欢吗？如果是，我将来的生活会是怎样的？如果不是，那我将来要做什么工作呢？

一系列的问题把我折磨得痛苦不堪，甚至手头快要交的稿子也不写了。

午饭的时候，和同宿舍的好朋友一起吃饭，她们问我，你最近好像有点儿不对劲儿，是出了什么事吗？

我说我最近有点儿迷茫。

这句话一出，对面的两个好朋友笑得前仰后合，她们问我在迷茫什么。

我就把那天脑海中出现的问题和她们说了一遍。结果，她们翻了我一个白眼说，等你毕业的时候再想这个问题吧。

我说，那个时候再想，会不会就晚了？

她们说，如果你觉得实在迷茫，那就先把你手头的稿子写完吧。

因为交稿日期快到了，我也就不敢再耽误，于是便开始赶稿子。等到交了稿，我深深地松了一口气。

每次交稿之后，总会有一种成就感，不像忽然空闲下来就会觉得无事可做，觉得怅然若失。

我想，我还是喜欢沉浸在写稿子的世界里，旁若无人地去构思，遇到不懂的事情就去查资料，查到之后就又觉得自己收获了一个小知识。

至于我所迷茫的未来的职业问题，我已经不想再想了，现在喜欢写稿子，那就继续喜欢下去，等哪天不喜欢了，再想未来的问题，也来得及。

当你迷茫的时候，你是不是和我，以及映辉一样，都在思索着许多问题呢？不知道自己要干什么，不知道自己可以干什么，不知道接下来的路要怎么走。

可是正如我的同学反问我的那句话一样，你究竟在迷茫什么？

未雨绸缪当然好，有一个明确的目标让我们去追逐自然也不错，但是，当我们不知道如何未雨绸缪，也没有明确的目标时，要怎么做呢？

坐在椅子上，托着下巴，盯着窗外，然后来回思考，要像这样一天又一天地迷茫下去吗？

这和浪费时间又有什么区别呢？

其实，很多时候，我们迷茫的地方，恰恰是我们还不需要考虑的地方。就像映辉当年问的问题，是继续学英语，还是掌握一门小语种。学长说的很对，现在的问题是如何考上大学。如果考不上大学，这个问题自然也就不需要思索了。

年轻的时候，我们总是想得太多，这正是迷茫的症结所在。

当你迷茫的时候，不妨问自己一句，究竟在迷茫什么。

当你开始思索明天早饭吃什么的时候，还是先把今天的晚饭做好吧。

别为了赚钱而去兼职

如果你问我，大学时期最后悔的事情是什么，我会毫不犹豫地回答你：两件事，第一，没有谈一场大学时期的恋爱；第二，用了太多的时间去赚钱，又为了赚钱而做了很多的兼职。

我出身农村，上大学的时候恰好是我们家最困难的时候，所以我一入学便选择了助学贷款。那一年想要贷款的学生很多，我害怕自己申请贷款会失败，便选择了毕业时一次性还清的还款方式。而家里每学期给我一次生活费，尽管我省吃俭用还是不足以支撑我在大学里的生活。

我是一个很容易焦虑的人，那段时间每当想到自己毕业的时候要偿还贷款的费用，就会显得很急躁。于是，九月刚入学，“十一”国庆我就没回家，直接出去做兼职了。

我做过的兼职很多，在一家拓展训练公园里做过带队老师，在一家西餐厅里做过服务员，在一家房地产公司做过发单员，在一家商场活动中做过串场舞者。

我真正开始写稿子是在大三的时候，因为稿费几乎可以支撑起我的生活费，加上那个时候贷款的钱也攒够了，外面的兼职便陆陆续续停掉了。可是，我好像得了一种“不赚钱就难受”的病，开始接各种各样的稿子，赚更多的稿费。

以至于到大四的时候，我忽然意识到兼职浪费了我太多的时间，我完全可以利用这些时间做点儿别的事情，去开拓我的眼界，去增长我的阅历。

让我幡然醒悟的是我的一个学妹凡凡，她比我低一年级，刚入学的时候是我接她入学，所以和我比较亲。

凡凡也来自农村，她的家庭条件比我好一些，可也好得有限，于是一入学便开始不停地做兼职。但是，她的兼职意义似乎和我很不一样。她每个学期只有前半段时间做兼职，只要她的生活费够了，她就会停止。

我一开始还觉得，这孩子太没出息了，怎么这么不会未雨绸缪呢？多赚点儿钱，可以吃好一些，喝好一些，过得好一些，有什么不好的？

后来，我才发现凡凡竟是一个如此有想法的女孩子，她的大学生活也比我精彩得多。

凡凡赚钱的目的并不是过上比其他人好一些的生活，而是使自己的大学生活更加丰富。她利用大学里兼职赚的钱，去了许多地方旅行，如厦门的鼓浪屿、三亚的天涯海角、大理的苍山洱海等。

只要有想去的地方，她就开始攒钱，然后再约上几个志同道合的小伙伴。

凡凡还喜欢轮滑。一双专业的轮滑价值不菲，她就兼职攒钱买了一双心仪的轮滑鞋，进入轮滑社，去刷街，去比赛，结交了许多朋友。

据凡凡自己说，有一个学期，她起早贪黑地做兼职，攒了两千元，报了一个初级的韩语班，学习了一些韩语。我们学校附近有一个韩国人聚集的地方，她在那里结识了不少朋友，还学到了不少的东西。

和凡凡聊天的时候，我甚至觉得有一些自惭形秽，明明高她一年级，我却显得像是个小学生一样，没见过什么世面，没开过什么眼界。再看凡凡，哪里像是个农村出来的孩子，可能在城市里长大的孩子也不一定比她懂得更多。

通过凡凡的事情，我开始反思自己。我甚至后悔，我的钱明明已经够花了，甚至还有一笔小小的积蓄，可我为什么没有去多读一些书，多去一些地方，多学习一点儿知识呢？

大四的时候，一个学妹找我帮忙，说是一家商场做圣诞节的活动，需要几个跳舞的小姑娘扮成精灵的模样在商场里搞搞气氛。那是一家奢侈品的商场，加上我有时间，又喜欢跳舞，去做一下这种兼职就当是开拓眼界了。

我们那群人一共有八个，里面有一个小学妹长得很俏丽，舞跳得也非常好，穿衣打扮都非常讲究。

有一次，我们赶往那家商场，坐电扶梯向上走的时候，恰好看见了迪奥的专柜。那个小学妹忽然说，哎呀，等这个活动结束了，发了钱，我就可以买那个迪奥的腮红了！

同行的几人，不禁哑然。

后来，我一打听才知道，那个学妹身上穿的名牌衣服、用的名牌化妆品全部是她兼职买来的。她的成绩很差，也不参加学校里的活动，基本上所有的时间都用在了兼职上，然后生活上就只有三个字：买，买，买。据说她刚刚走进学校的时候土到掉渣，因为长得不好看，所以练就一身化妆技能，每天早晨八点上课，她六点就开始起来化妆。

有人说，她好励志啊，通过自己的努力让自己蜕变成了白富美。

我想说，她好幼稚啊，为了赚钱去兼职，为了满足自己的虚荣心去兼职。

毫不夸张地说，剥去外壳，她仍旧是一只丑小鸭。

这个世界上的每一个人都会经历一段十分迷茫的时期，而大学期间可能是我们最迷茫的一段时光。当我们不再是高中生，当我们有了太多的自由支配时间，当我们因拥有得太多而惊慌失措，当我们因惊慌失措而开始迷茫，我们总会一遍又一遍地问自己：我要做什么？我想做什么？我能做什么？

兼职！

对，你当然可以去兼职，兼职是非常磨炼人的品质的。我大学兼职期间，收获最多的除了钱之外，恐怕就是吃苦耐劳的精神了。

但是，一定要记住，不要像我和我那位小学妹一样，为了赚钱而兼职，为了满足自己的虚荣心而兼职，而应该学习凡凡，兼职是为了开拓自己的视野，是为了增长自己的见识，是为了成为更好的自己。

钱，永远是赚不完的，但是你的时间却是非常有限的，你做了兼职，就做不了其他的事情。

就像我，现在很想去一趟云南，嗅一嗅原始的味道，找一找写作的灵感，却总是苦于找不到足够多的时间。再想我大三的时候，手里有钱，也有时间，却忙于赚更多的钱，错失了太多好的机会。

每次想起万分后悔，假如当初的我能够自己认识到不要为了赚钱而兼职，或是有人能给我当头棒喝，如今，也许会是另一番光景吧。

毕业可以不失业

毕业等同于失业。

这句话不知从什么时候开始便流行起来了，流传着流传着，就连刚上大学的大一新生，都会自己念叨着：嗯，毕业等同于失业。

于是很多人开始迷茫，开始彷徨：那我们还上大学干什么？那我们还拼命努力做什么？反正都要面对一样的结局。于是，很多人开始寻求游戏的慰藉，开始寻求泡沫剧的救赎……于是，我们开始不再努力。

只是，我要说，我看到过许多人毕业后没有失业，反而是走上了自己的人生轨迹，开始了一段奋斗的征程。

我的学姐小宛就是一个很好的例子。

我刚入学的时候找兼职，就是小宛学姐帮我介绍的，她手里好像有大把大把的资源。她说，只要你愿意，我就可以帮你找到合适的兼职。

不知道大家有没有看过《左耳》，小耳朵就有这样一位学姐，那几乎是神一般的存在。我的小宛学姐差不多也是如此，只是她是实实在在存在的，而不是存在于小说或是电视剧里。

小宛学姐说，她最开始兼职是为了赚钱，那个时候肯德基、麦当劳的兼职，她都做过。后来的兼职是为了磨炼自己，还有一个更重要的原因，那就是她不想毕业就失业。

对于小宛学姐而言，每一份兼职都是一块磨炼自己的“磨刀石”。她第一份像模像样的兼职是在一家拓展训练公园做拓展训练老师，那家公园里的儿童设施都是一些拓展性质的项目，经过培训之后，小宛学姐便开始带着前来游玩的孩子进行拓展训练。

当时，拓展训练还不是很火，那家公园也并不大，项目设施也不多，一般儿童玩上一两次就会觉得没意思。小宛学姐便向当时的负责人提议，能不能把单个项目通过一些多人游戏拼凑起来，比如说加一个故事情节，让一群小朋友像是探险一样来玩这些拓展项目。

这个提议让负责人十分喜欢，负责人便大胆地让小宛学姐自己来设计游戏流程。游戏流程设计好后，受到了许多家长和孩子的好评。负责人看到了小宛学姐身上的潜力，便让小宛学姐担任了更多的职务，比如培训新人、游戏设计、促销活动等。

有些东西做着做着就会觉得腻的，小宛学姐在拓展训练这一块得到成功之后，便开始寻觅下一个目标。她在网上看到一家儿童娱乐中心的招聘，这家儿童娱乐中心实际上只是一个小小的工作室，主打的是儿童夏令营和冬令营的活动。

小宛学姐因为有拓展训练带孩子的经验，过去应聘兼职的时候，很容易就被录取了。小宛学姐的加入似乎给这个工作室注入了新鲜的血液，在带了一期夏令营之后，她基本上熟悉了整个流程，并针对一些不足，提出了自己的建议，她甚至建议工作室，别总是盯着暑假和寒假，周末也可以利用起来，甚至还可以在周末主打一些亲子的娱乐项目。

一段时间之后，小宛学姐在这个工作室已经是不可或缺的人物了，但是因为学校的学业更为重要，小宛学姐还是放弃了这份兼职。

大四的时候，因为临近毕业，小宛学姐把外面的兼职都停掉了。但是，她忽然发现许多教育培训机构都在学校里招代理。校园代理是什么？说白了就是校园里的销售，将教育培训机构的课程推销出去，可以拿到一定的提成。

小宛学姐觉得这个工作也不错，最起码不需要早出晚归，在学校里就可以做。在对比了几家教育培训机构的综合实力之后，她锁定了一家，并成为了这家教育培训机构的代理。

大学四年，小宛学姐帮学弟学妹介绍过不少兼职工作，同时又因在校学生会担任生活部的部长，人脉十分广泛，所以，她刚一做代理，便有不少学生找了过来。小宛学姐自己印宣传单，根据切身体验和对这家机构的了解，给学弟学妹推荐课程学习。这个兼职让小宛学姐大赚了一笔，同时也收获了不少宝贵的销售经验。

毕业的时候，小宛学姐没有考虑考研和考公务员之类的，而是直接就业了，因为她同时握着好几家的offer。那家拓展训练公园想邀请小宛学姐过去做负责人，那家儿童娱乐中心工作室注册了公司，也想请小宛学姐过去就职，就连那家教育培训机构也向小宛学姐抛来了橄榄枝，说她可以过去负责招生内容。

最终，小宛学姐进入了一家大型儿童教育机构。因为她喜欢孩子，又觉得之前的地方已经做腻了，她需要更大的挑战平台。凭着自己的经验，这家儿童教育机构很快便让小宛学姐入职了。

谁说毕业就等同于失业呢？

当你快要毕业并感觉自己要失业的时候，有没有想过，自己在宿舍里玩游戏的时候，别人在图书馆里读书？有没有想过，自己钻在被窝里看韩剧的时候，别人在兼职积累经验？有没有想过，自己和同学出去唱KTV的时候，别人正在报的学习班里增加自己的学识？有没有想过，自己躺在操场上发呆无所事事的时候，别人正在虚心向学长学姐们请教着经验？

很多人说，毕业就失业，这不能怪自己，只能怪这个社会就业压力大，就业竞争大。甚至很多人说，现在所有公司都要求有工作经验，我们刚毕业的大学生哪里来的经验？这对我们不公平！

谁说的？大学四年，你本可以成为更好的自己，然而你却虚度了所有的光阴。

所以，怨社会？不，当然是要怨你自己，怨你没有拼一次，甚至从没有想过拼一次。

也许你会说，奋斗和打拼那都是毕业之后的事情，和正在上学的自己没有关系。

真的是这样吗？如果现在不奋斗不打拼，毕业之后恐怕连奋斗和打拼的机会都不会有人给你。因为现在的一点一滴都是在为将来打基础，没有机会站上打拼的平台，又如何进行打拼呢？

你想要努力工作，首先得有一份工作啊！

从现在开始，收起你的迷茫和彷徨，心烦的时候就去图书馆读书，迷茫的时候就去操场跑步，感觉力量无处释放，那就去社会上找一个地方磨炼自己吧。

总有一天，你会感谢大学里拼命的自己。

你的独立要从自己的钱包开始

你的迷茫，是因为你不自知，是因为你总在向往远方，却永远看不清脚下，是因为你总有一个远大的目标，却没有一颗为之奋斗的决心，是因为你总在向全世界宣布独立，却还向父母索要谋生的资本。

我一直都看不起一种人，每天嚷嚷着我要独立，我要自由，我要闯荡这个世界，我要建立自己的一番事业。可是，转过头去却对自己的父母说，爸妈，给点儿零花钱吧。

这种人，空有一颗闯荡世界和打拼事业的心，却还要伸手向父母要零花钱。他们的独立，从来都只是说说而已。

想独立，想打拼，想自由，想闯荡世界，想建立自己的事业，还是先从自己的钱包开始吧！

敏子是我见过的最特别的女孩子，外表看着是长相清秀的小姑娘，内心却住着一个汉子。她，就是人们俗称的“女汉子”。

上大学的时候，敏子就没有再跟家里要过一分钱了，她的学费、生活费全部都是她自己做兼职赚来的。

敏子的相貌很出众，属于小家碧玉型的，再配着娇小的身材，看上去总觉得像是邻家小妹妹一样，可爱又灵动。用现在的话说，她是一个可以靠颜值的人。可就是这样明明可以靠颜值，她却偏偏要靠才华。

敏子是在上了大学之后才开始学跳舞的。一进入大学，她便开始寻找最赚钱的兼职，毕竟她的学费、生活费一切支出都要依靠自己，普通的兼职是无法满足她的需求的。

别人告诉她，舞蹈系的人经常出去商演，一些年会或是商场活动之类的，每次出去的费用都至少几百元。

于是，敏子便发愤图强开始学跳舞，最流行的莫过于hip-hop和爵士舞。能达到可以进行商演的地步，那必定是需要一定的功底的，敏子开始学压腿、下腰等基本功。

五六岁的孩子在进行基本功训练的时候都要吃一番苦头，更何况骨头、韧带都差不多快要定型的二十来岁小姑娘了。为了学跳舞，敏子可是吃尽了苦头。好在学校有舞蹈系，敏子便给自己制定了课程表开始去舞蹈系蹭课。

大一的时候是敏子最辛苦的时候，那个时候除了自己的课要上，还要钻着空子去舞蹈系蹭课，更是要利用业余时间去兼职赚取自己的生活费。

艰苦的日子过了差不多一年，和舞蹈系的学生混熟了，敏子的舞蹈也练得差不多了，一些舞蹈系的学生便叫她一块儿去商演，敏子开始商演之后，日子过得好了许多。

然而，真正艰苦的日子是在大学毕业之后。

在学校里，食堂的饭菜最起码算得上是最便宜的饭菜，学校的住宿费最起码算得上是最便宜的房租，然而一走出学校，一切都发生了翻天覆地的变化。

大四快要毕业的时候，不少人开始找家里人要钱。去应聘总需要一套像样的行头吧，这是一笔不小的开支；刚参加工作拿着实习的工资总得租房子吃饭的吧，这又是一笔不小的开支。不少人说能在半年内摆脱家里的经济援助就已经不错了，因为实习工资根本没办法支持每月的房租和饭钱。

敏子虽然在大学里赚了不少钱，可因为全部用在了学费、生活费上，又因为她从来不找家里要一分钱，以至于她最后也没有什么积蓄，手里只有三千多元。

毕业的时候，敏子的妈妈还打来电话，问她在外面租房子需不需要钱。其实，敏子的家庭条件还算不错，只是敏子一直想要独立的生活罢了。

敏子斩钉截铁地对妈妈说，不需要。

敏子平时喜欢读书和写写画画，如果找人合租的话，是可以分摊房租，但同时也会打扰她的生活。所以，她坚持自己租房子住。

租过房子的人都知道，房租有季度付、半年付，还有一年两年付，且租的时间越长，房租就会越便宜。当时的房东说，如果一次性付一年可以给敏子便宜到每个月九百元，一次性半年就只能每个月一千元了，而最低也只能一千一百元，押一付三，也就是一开始要付四个月的房租。

敏子好说歹说说服了房东，每个月一千元，押一付一，房东见她一个小姑娘，也没有为难她，勉强同意了。

可是，交了房租，敏子手里只剩下一千元了，这一千元她必须要支撑一个半月，因为月中才会发实习的工资。

无论过得多穷，敏子都坚持不找家里要一分钱。

敏子说，她最穷的时候，每天在公司里吃饭都要跟打饭的师傅多说几句好话，让他多给自己盛一些，吃一半，而剩下的一半留到晚上回家热热再吃，这样就能省下一顿饭钱；洗脸只用一块香皂和一袋郁美净，什么洗面奶，什么爽肤水，什么乳液和日霜晚霜都和她没有缘分。

过了一年，敏子辞职了，和之前一起商演的一个同学做了一家传媒工作室，专门承接一些企业、公司的年会抑或是各种宣传活动。

因为之前在学校里积攒下的一些资源，加上学校里的一些学弟学妹的支持，两个人倒是真的把工作室做起来了。去年，两个人注册了公司，正式让他们的工作室跨入了一个新的阶段。

一次见面，我问敏子，当初那么困难，为什么不找家里要点儿钱呢？

以敏子的家庭状况，无论是她上大学也好，刚毕业那会儿也好，还是刚开始创业的时候，多多少少都可以帮她一把。我想，有了家庭的帮助，敏子的事业可能会起步更快更稳一些。

敏子笑着说，当初如果真的找爸妈要钱，可能就不会有现在的我了，你看看咱们那些一直伸手找家里要钱的同学，家庭经济条件放在一边不说，他们现在能出人头地的有几个？

我仔细思索，还真的如敏子所说。

不少同学口口声声说，等我赚了钱就不再找家里要钱了，等我赚了大钱，就把钱还给家里。可是最后呢？这样的日子好像并没有到来，他们多多少少还是在伸手向家里要钱。

一个人一旦知道自己有后备力量，拼搏的力度就会逊色得多。比如说，你在工作，可你知道家里有吃有喝，即便是你现在不工作，或者偷奸耍滑，回到家里也还是有吃有喝，你还会如此拼命工作吗？如果家里已经什么都没有了，不工作回家就要喝西北风，你还会不拼命吗？

不，你一定不会。

正是因为知道了如果不拼命，就有可能朝不保夕，所以你才会使出浑身的力量去打拼自己的生活。

远方的路还很长，梦想也还在远方。请收起你的迷茫，请低下你高贵的头颅，请认清你现在的道路，也请你记得——

当你想要独立的时候，当你想要拼搏的时候，还是先从自己的钱包开始吧。一个连钱包都不独立的人，谈什么生活的独立呢？

你之所以迷路，是因为没有目标

有一次和朋友聚会，打车去聚会的目的地。走到一半的时候，看见一辆出租车和另外一辆车追尾，发生了事故。

朋友忍不住随口吐槽了一句，“没人还开那么快，这不是找事儿嘛。”

我们的司机看上去是个老实本分的人，从我们上车就一言不发，但似乎朋友的吐槽，让他有点儿不开心了，他说：“小姑娘，正因为没人，所以才撞的，要是有人，就不会出这种事了。”

“为什么？”我随口一问。

“有人就知道往哪儿开了，没人的时候，总是东看西看地找人，可不就撞了。”司机说完，就不再说话。

回头想想司机的话，的确很有道理，倘若司机师傅有乘客在，知道自己的目的地，一心开好车便可以了。正因为没有乘客，司机师傅不知道去哪儿，所以，东看西看地找乘客，一分心，撞车也就在所难免了。

开出租车如此，我们的人生又何尝不是如此呢？

没有目标的人生，总是会跌跌撞撞的，有的人总是说为什么我总是那么迷茫呢？是啊，没有目标，又何来方向？没有方向，可不就只剩下迷茫了。

大四那一年想必是许多人都非常忙碌的一年，考研的考研，找工作的找工作，考公务员的考公务员。我的朋友小C更是忙得晕头转向，他一边报名考研，也瞅准了要报考的学校和专业，另一边又报了公务员考试，买了一大堆的参考书，最后他更是开始制作漂亮的简历，在智联招聘上刷简历、投简历、面试。

大四上半年，小C简直要忙到吐血，每天一大早就坐在了图书馆或者自习室，每天晚上不到熄灯的时间也绝不回宿舍。偶尔出去面试，一出去也是一整天不见人影。

有人劝小C，别把自己折腾病了。

小C的回答简单干脆，却也带着些许心酸。他说，不行啊，得给自己多一些选择，万一此路不通，堵死了怎么办？

在忙忙碌碌中，大四上半年很快就过去了。

考研也结束了，小C落榜了。

很多人都落榜了，却没有谁像小C那样淡然。他说，幸好我还有别的准备。

没过多久，小C的公务员考试结果也出来了，没过初试。

小C仍旧淡然，尽管笑的得有些僵硬，却还是说，我之前面试的几家公司对我印象还不错，原本叫我过去实习的，我再打电话问问。可结果他把电话打了个遍，也没有人记得他是谁，原本的职位已经招到了人，他也就没有机会了。

小C咬咬牙，准备重新战斗。

那段时间，淘宝盛行，大学同学里还真有不少成了淘宝店家，更有一些靠着开淘宝店发财的。于是，小C也想开淘宝创业，便狠狠心，把自己最后一次拿到的奖学金全部投入到了淘宝店里，开始找货源，装修店铺。

原本以为小C会就此走上创业的道路，谁知有一次正巧遇到他，他正穿着一尘不染的西装，匆匆忙忙。我问他去干嘛，他说，去面试啊。因为我也要去面试，便和他一起去车站。我问他不是准备创业吗，怎么又面试了呢？他回答得云淡风轻，多给自己找条路呗，万一创业失败呢？

我说，你想要过什么样的生活呢？是平平淡淡的小日子，还是过得小资一点儿，还是说想赚大钱，做大老板？

小C愣了许久，给了我三个字，不知道。

这时，他要坐的公交车恰好来了，我们的谈话便没有继续，他刷卡上了公交车。

其实，我大概也猜到了小C并不知道自己想要的是什么样的生活，如果他知道的话，他的大四生涯可能就不会是这样了。如果他想要平平淡淡的小日子，就会踏踏实实地考个公务员；如果他想要过得小资一点儿，那就找准一家有发展潜力的企业，努力奋斗，随着能力的提升，职位和薪水也会在几年之后达到他的期望值；如果想要赚大钱，做大老板，那估计就只有创业这条路了。

可悲的是，他没有自己的目标，自以为抓住了很多选择，实际上却什么都没有抓住。毕业的时候，那些想要在专业上有所提升的同学，一门心思考研，进入了自己梦寐以求的学府；那些想要走出校园，步入社会的同学，一门心思找工作，毕业的时候也找到了心仪的公司，准备签约了；而那些想要为国家出一份力，也只喜欢平淡生活的同学，经过不懈努力，也考上了公务员。

小C的淘宝店开到了三颗星的时候就关门大吉了，因为他找到了一份工作。可没过多久，就听说他跳槽了，从文员到销售，从销售到技术人员，跳来跳去，居无定所。直到某一天，我们大家发现他发表了一条状态：是时候给自己定一个目标了。

我不禁感叹，如果他早一点儿给自己定下目标，说不定他早已过上了他想要的生活。不过，现在发现也不晚，期待他早日能完成目标吧。

你看，没有目标是件多么可怕的事情！

一个人如果没有目标，迷茫乱窜，那和一只无头苍蝇撞来撞去有何区别？

就好像到一个森林里去，你是采花？还是摘野果？还是欣赏风景？总需要有一个目标吧！如果没有一个明确的目标，花没有采到，野果没有摘到，风景也忘了欣赏，那去森林里，还有什么意义呢？

生活中，很多人就如同我的朋友小C一样，自以为抓住了所有的机会，实际上却早已丢失了实现这些机会的资本。

人生中有太多太多的路，我们终究只有一双腿，只能选择一条路，那就是通往我们终极目标的路。

所以，你之所以迷路，只是因为你没有目标而已。

明天永远都只是一个未知数

我觉得生活最有意思的地方就是，你永远都不知道明天会发生什么。

朝夕相处的恋人，明天可能就分道扬镳；蒸蒸日上的事业，明天可能就轰然倒塌；一向体健的人，明天可能就永远闭上了眼睛；跌落谷底的人，明天可能就冲上了云霄。

明天一切都有可能，只是不知道，灾难和幸运哪一个最先到来。所以，明天对我们而言，是恐惧和期待并存。

可即便如此，难道这就成了我们迷茫的理由吗？

十几岁，二十几岁，三十几岁，你说自己很迷茫，可难道到了八十岁就不迷茫了吗？

当然不是。那些已经七老八十的人，他们对生活更加迷茫，想做什么都做不了，每天的生活单调乏味。

不知道大家有没有听说过一句话：人活得越久就越怕死。这句话不假，最起码我接触的老人里全部都是如此。

他们每时每刻都在担心着自己的身体，害怕自己的血脂又高了，害怕自己的血压降不下去，害怕半夜心脏病突发，害怕自己明天就再也睁不开眼睛了。

他们比你更迷茫。

既然知道自己要迷茫一辈子，那还迷茫个什么劲儿呢？

在我的老家有一个远房的叔叔，虽然亲戚关系不算近，但是两家住得比较近，因此走动比较多，关系自然也亲一些。

这个远房的叔叔很不简单，初中刚毕业便跟着家里人开始做生意，后来娶妻生子，事业走上了巅峰。

曾有一段时间，他是我们村子里最富有的人，开着一辆皇冠的车子，那是那个时候村子里能找到的最好的一辆车。叔叔一家人很好，对待邻里街坊十分客气，那时村子里但凡有喜事都来找他，借他的皇冠车做婚车，他二话不说，丝毫没有有钱人那种架子。

后来，我这叔叔结婚好几年终于生下了一个女儿，夫妻二人当然视为掌上明珠。

我这个小表妹从会走路开始，脚上的鞋子全都是阿迪、耐克的名牌鞋，衣服更别提了，多得数不胜数。还记得，那个时候特别流行洋娃娃，那种洋娃娃两元钱一个，好一点儿的五元钱，可以自己给洋娃娃做衣服。而我那个小表妹，当别人为自己有一两个劣质洋娃娃笑得合不拢嘴的时候，她的柜子里已经有好几个正版的芭比娃娃了。

这个家庭令人羡慕，可谁能想到一个夜晚便将这个家庭彻底改变。

那个夜晚，叔叔因为喝多了酒引发了原本的糖尿病并发症，没有抢救过来，四十多岁便撒手人寰。

悲痛中，办理了丧事，这个原本幸福的家庭一下子就塌了。

原本叔叔有不少的积蓄，但是因为事发突然，婶婶只顾得上悲伤，什么事情都没有理会。等到丧事办完，她忽然发现她们母女二人什么都没有了。

叔叔的几个兄弟把叔叔留下的遗产以各种名义转移，除了房子，几乎什么都没有留下。好在这位婶婶之前也有工作，攒下了一点儿积蓄，不然，母女二人真要喝西北风了。

我妈妈和那位婶婶的关系一直不错，那段时间经常去她家和她说说话，安慰安慰她。婶婶的状态非常不好，我那小表妹的状态自然也好不到哪里去。

人生有三大悲伤，少年丧父，中年丧夫，老年丧子。这个家庭里的女人正经历着中年丧夫，这个家庭里的孩子正经历着少年丧父。

用天塌了来形容这个家庭似乎一点儿都不过分。

怎么能不令人心疼和动容呢？

可是，即便是天真的塌了，生活还是生活，生活还是要继续。

婶婶坚强起来，又开始继续工作，小表妹从学费昂贵的私立院校转到了普通院校。

一切在艰难中前行。

我妈和我说，小表妹的脚穿惯了名牌的鞋子，现在却只能穿一些低价的鞋，一上体育课就把脚磨破了。但是，她还在坚持，从不抱怨。

前些日子，我妈又告诉我，小表妹以优异的成绩考上了县城的重点高中，正在向大学迈进。

听到这个消息，我真心地为她感到欣慰。我也始终相信：生活不会亏待任何一个坚强和勇敢的人。所以，下一次降临到这个家庭的，肯定是幸福和幸运。

我大一的时候也经历过一瞬间的崩溃。之前提到过，我上大学是办理的助学贷款，一上大学便忙着兼职攒钱，大一快要结束的时候，发了一笔助学奖金，加上自己攒下的钱差不多有五千元了。

当时看着自己银行卡的金额，我觉得世界都是美好的。然而，去做兼职的一个晚上回来得太晚了，不小心遇上了骗子，将我所有的积蓄全都骗走了。

那个时候，我觉得我的世界都塌了。身无分文，加上自己又临近期末考试，整个人的状态都是萎靡不振的。

直到我同宿舍的好友说，钱没了，人还得活着啊。

那一句话点醒了我。是啊，钱没了，可人还得活着，总去想有什么用呢？忘记伤痛，重新来过。

我们永远都不知道明天会发生什么，唯一可以做的便是过好今天，过好现在的每一秒，无论明天来什么，让今天不虚度就够了。

从现在开始，不要再把时间浪费在迷茫上了，否则你将会有漫长的一生用来迷茫和彷徨。

从现在开始，如果你实在觉得迷茫，那就努力拼搏吧，忙起来你就再没机会迷茫了。

我相信没有坚持到不了的远方

一帆风顺从来都只是我们期待的美好过程，却从来不属于这个世界的所有事情。一路前行，我们总会遇到艰难险阻，困难重重，可凡事最怕“坚持”二字。我相信没有努力做不成的事情，也相信没有坚持到不了的远方。

为什么半途而废的总是你

下定决心提高自己的英语水平，买了一大堆的英语口语书籍，结果坚持了半个多月，晚上又开始玩游戏，看电视剧；下定决心跑步健身，买了跑鞋和运动装，结果坚持了一个星期，还是觉得躺在床上最舒服；下定决心每天读书充实自己，买了好几本大热的书籍，结果看了没几天觉得实在没意思，便把书丢到一边去了。

我很想问一句，我也知道你也很想问自己一句：为什么半途而废的总是你？

在菲儿姐的健美操班里有这样一个孩子（这个孩子当初还是我一手招上来的），那个小女孩长得非常漂亮，一双灵动的大眼睛，身材修长，刚一来就能下腰和劈叉，经过初步面试之后便直接招进来了。

偶尔，我会作为菲儿姐的助手，和她一起帮孩子压腿，那小女孩的条件真的不错，身体的柔韧性要比一般孩子好得多。但是，越是条件好的孩子，对她的要求也就越高，所以，压腿的时候，她并不比别的孩子轻松多少。

菲儿姐在新生的第一节课总是会说，我允许你哭三节课，第四节课的时候再哭就不用来了，当然你也可以选择第一节课的时候就离开。

那个小女孩在第一节课哭得很厉害。

第二节课还在哭。

第三、四节课仍旧在哭。

按照之前的惯例，这样的孩子，菲儿姐应该就不打算再要了，但是，因为这孩子的确很有天分，身体条件也实在不错。菲儿姐觉得这是一个好苗子，便和孩子的家长说，给孩子做做工作，再坚持一段时间应该就会好的。

起初，孩子的家长和孩子都会来，毕竟家长听说孩子是个好苗子也挺开心的，觉得培养培养兴许能成才。

没过几节课，那个小女孩请假了，说是感冒了。那天上课，菲儿姐的脸色很难看，她最不喜欢孩子请假。

我便劝她说，孩子有个头疼脑热的，那不是很正常吗？

菲儿姐摇了摇头，这孩子八成废了。

结果下一节课，那孩子来了，可是来是来了，却哭了整整半节课。因为担心影响别的孩子，菲儿姐直接把孩子交给了家长，便继续给其他孩子上课去了。

再下节课，那孩子没来。

家长来了，和菲儿姐一个劲儿地道歉，说孩子死活不愿意坚持了，家长看着心里头也不好受。菲儿姐又和家长说，这孩子是个好苗子，坚持一下，以后就好了。家长嘴上答应着，说回去好好劝劝，可是，孩子再也没来上课。

菲儿姐觉得这孩子很可惜，一个劲儿地和我说，这孩子算是毁了。

我有些不解，我说不至于吧，孩子那么小，她知道什么啊，不练健美操，兴许能在别的地方有出息呢。

菲儿姐说，你说错了，别的地方也不会有出息的，你就等着看吧。

因为这个艺术中心有很多的课程，上楼下楼总是能看到很多熟悉的面孔，所以那孩子的妈妈我后来见过好多次。放弃健美操之后，孩子妈妈给孩子报了钢琴班，说孩子可能不喜欢这种好动的课程，干脆给她报个安静一点儿的。

再后来看见那孩子妈妈，是在古筝班的教室，她说孩子又改学古筝了。

我隐隐约约觉得菲儿姐说的话挺对的。

因为所有学员的课程都是联网的，我便在电脑上偷偷地查了一下那孩子的课程表，发现那孩子大部分课程都是只上了一学期，或者连一学期都不到就更换到了其他的课程。

有一次，和菲儿姐提起了那个孩子。我说，菲儿姐，你看孩子怎么看得那么准？

她笑了笑，这有什么准不准的，半途而废是一种习惯，她已经养成这个习惯了，没救了。

她和我提起这些年教学的一些心得。

她说，你看新班的孩子每节课压腿都是哭哭啼啼的，而老班的孩子不但不哭，反而有的孩子还在笑。

其实无论是新班还是老班，压腿的程度都是根据个人而定的，条件差的孩子压的轻，条件好的孩子压的重，为的都是让孩子进步。所以，每个孩子承受的痛苦都是差不多的，结果有的孩子几节课之后便不来了，而有的孩子却一直坚持着，一坚持就是好多年。

她还告诉我说，为什么那天孩子因为病了请假，她十分不开心，那是因为偶尔的偷懒是半途而废的前兆。生病了也要来，哪怕见习，也能学到不少东西，况且感冒而已，没有理由不来，说到底是在为自己的偷懒找借口。

今天找一个借口，明天就可以再找一个借口，找着找着，干脆也就直接放弃了。

半途而废是一种习惯，坚持更是一种习惯。

我已经明白菲儿姐的意思了。那个孩子在这件事情上遇到一点儿小问题就退缩了，那么同样在别的事情上也是如此。一个如此喜欢半途而废的人，将来又怎么会有出息呢？

现在，你知道为什么半途而废的总是你了吧？因为你从未品尝过坚持过后的滋味，所以也就自然而然选择了放弃。

这是一个大浪淘沙的年代，每个人经历的事情都是差不多的。你遇到的挫折和困难，可能别人也都在同样经历着，甚至，别人遇到的问题比你还要多。最后坚持下来的都成为了胜者，而选择半途而废的人都将被淘汰。

我还记得我初中的班主任曾经说过，人生最怕坚持二字，一件再小的事情，坚持久了也就成了大事。

下一次，希望你再遇到问题的时候，能够坚持一下，就坚持一下，你难道不期待看到自己坚持一下会得到什么样的结果吗？

我想当你尝到了坚持的甜头，下一次，你就不会再半途而废了。

生命不息，折腾不止

女孩子的嘴里永远都在嚷嚷着一句话：我要减肥。

实不相瞒，我本人也是减肥大军里的一员。我属于中等体型，不算胖，但也不算瘦，可女孩子对自己的身材永远都不会满意，永远都在期盼着瘦一点儿，再瘦一点儿。因此，我断断续续地进行着减肥大业。

也许每个人的生命里都会认识一两个胖子，我也不例外，大象就是我生命里的那个胖子。

大象这个称呼是她给自己起的，因为有一双大象腿，她便自嘲地给自己起了这么个外号。大象穿上鞋子一米六的个头，体重基本上保持在130斤以上。不算特别胖，但人群中一眼就能看出那个小胖子……

在大象身上，你总会认识到一个问题：老天爷总是公平的，它给了你硕大的身躯，就不会再给你丑陋的模样。大象总觉得自己简直太幸运了，虽说心宽体胖，可小模样倒也标致，大眼睛双眼皮，鹅蛋脸小嘴巴，皮肤也是白白嫩嫩的。

大象说她听得最多的一句话就是，大象，你如果瘦一点儿，绝对是个美女。

刚开始流行照片PS的时候，我们大家还真的拿着大象的照片做范例，把她的腰修得细一点儿，把她的腿修得细一点儿，把她的胳膊修得细一点儿，把她的脸蛋修得小一点儿……完了一看，真是活脱脱一个大美女。

因为胖，大象的减肥事业总是比别人来得更凶猛一些。她曾经三天三夜没吃饭，看上去是瘦了一点儿，只是人受不了啊，实在忍不住胡吃海塞了一番，得，这三天的奋斗白玩儿了。

除了节食，运动减肥也是大象的选择，她每天坚持跳绳、仰卧起坐、慢跑，坚持了一段时间，从一开始只能做十个仰卧起坐，到后来一口气五十个分分钟的事情。可结果还是半途而废了，因为有人和她说，大象，等你不运动了，你会迅速比之前更胖的，吓得她立即不练了。

断断续续地减肥后，大象最瘦的时候120斤，这已经是她的极限了！

不过，减肥大业就如同大象的终身大事一般，时不时就会被拿出来，即使毕业之后，隔一段时间你都能发现大象会进行间歇性的减肥，减减停停。

毕业之后，好多人陆陆续续谈恋爱了，有的甚至都结婚了。

于是，大家发现，减肥只不过是单身时一项自我安慰的娱乐项目罢了，当真正谈恋爱了，有了男朋友了，谁还会那么积极去减肥呢？女为悦己者容，当有了真正的悦己者，情人眼里个个都是西施，谁还会在意自己胖一点儿，还是瘦一点儿呢？

某一天的早晨，大家发现大象改了状态，大象结束单身了！

这还真是令人欢欣鼓舞的事情，大家也在想，大象谈恋爱了，这下总算是不需要进行减肥大业了。

日子一天天过着，女孩子们减肥的话题偶尔还会被拿出来，彼此逗乐，打发一下时间。

差不多过了将近两年的时间，许久没有见面的同学们准备来一次聚会。当大象出现在大家的视野中时，所有人都惊呆了！

当年被当作范例PS的大象真的和PS之后的照片一模一样了！

脸小了，蝴蝶袖不见了，水桶腰不见了，大象腿也不见了……

那天的大象穿了一件藏蓝色的修身卫衣，外加一条碎花的深色鱼尾短裙，简直就是“窈窕淑女，君子好逑”嘛！

很多人都调侃说，大象，你是不是去韩国整容了，顺便做了抽脂手术？

大象只是一笑置之。对于这样的玩笑话，她听了太多，她觉得这是对她的赞美，因为她变漂亮了。

大家私下里议论，说有可能是爱情的力量，大象的男朋友希望她减肥，于是她终于减肥成功了。也有人说有可能是大象失恋了，痛定思痛，结果一不小心就瘦下来了。

我走过去向大象讨教减肥秘籍。

大象也十分慷慨，她说，其实重在坚持，每天告诉自己少吃一点儿，多运动一会儿就可以了。

说起自己的减肥史，大象说她在健身房里每天慢跑一个半小时，仰卧起坐一百个，外加各种力量器械的训练，饮食上也是尽可能清淡，坚持了差不多小半年的时间，就成了现在的样子了。

大象偷偷告诉我说，其实，我现在也有110斤呢，只不过选择的衣服搭配起来让我看上去更瘦一点儿罢了。

我也有些不好意思地问大象，和她的男朋友怎么样。大象也十分坦然，告诉我说，一直就是那个，没有换过。

我不禁有些诧异，既然都有男朋友了，感情也一直很稳定，为什么还要把自己逼成这样呢？

大象对于我用“逼”这个字很不满意，她说怎么是逼自己呢？

她告诉我说，之所以想要减肥是因为觉得，第一健康，第二自信，第三瘦下来的自己觉得生活很美好。

她减肥不是为了男朋友，而是为了自己。难道说有了男朋友，女人就要自暴自弃了吗？就可以放任自己了吗？

爱人有了，家庭有了，可生活还在继续啊。

我恍然顿悟，的确是这样一个道理。

只要生活还在继续，就应该继续折腾下去，放眼看去，我身边在折腾的朋友还真的不少。

我的女神菲儿姐已然是健美操界里的翘楚，她的队伍已经拿冠军拿到了手软，她自己也是功成名就。可她仍旧在折腾，最近迷上了架子鼓，报班，学习，每天背着鼓槌去上课，真的像极了一个听话的学生，现在已经能有模有样打完一首曲子了。

她说，趁着年轻，多折腾折腾有什么不好？

我的一位邻居，奔四的老大哥了，初中都没有毕业就出来打工，如今有了老婆孩子，又吃穿不愁，在工厂里也算是个小领导。前些日子从我这里借了一本Excel表格制作，笑眯眯地和我说，活到老学到老。

他说，趁着自己还没有七老八十，再折腾折腾，没准儿能有更好的发展。

生命不息，折腾不止。

人活这一辈子，还是玩命折腾吧，要不然这漫长的一生该是多么无聊和乏味呢？玩命折腾，也决不白白走过这一生。

难过的时候，坚持就对了

我曾经有过一段十分难过的时光，这段时光长达三年。

从高三到大二（虽然是从初中开始就进行写作的，但是真正有完整的作品是在高中的时候），尤其在高三最忙碌的时候，我的创作热情最为高涨。

那段时间，所有人都觉得实在难熬，而在快要喘不过气来的时候能有一本小说看一看，那该是多么的享受！所以，我当时写的小说十分受欢迎，大家纷纷传阅，这也让我自己有了一丝成就感。

但是，当一位同学把我写小说的本子摔在课桌上，并用十分不屑的语气和我说，你以为能出版吗？别做梦了，也就是我们无聊打发时间罢了！我的心被深深地刺痛了。

直到现在，很多同学我都不记得了，但是那位同学的脸我却记得清清楚楚，尤其是她说那句话的时候脸上充满的那不屑的表情。

高中毕业进入大学，我开始疯狂投稿，并不断被退稿，不断被打击，打击到我甚至没有勇气打开编辑给我回复的邮件。

那个时候，我的邮箱里堆满了编辑给我回复的退稿信。

故事太平淡，退稿。

文笔幼稚，退稿。

情节老套，退稿。

……

那段时间我灰心到了极点，然后一次又一次问自己，到底还要不要坚持下去?

有一段时间我甚至把笔记本锁进了自己的柜子里，不让自己写东西，不让自己投稿和看邮件，以此来封闭自己。

就连几年来一直鼓励我、支持我的一位朋友都和我说，有时候太过于坚持，那就是固执。

可一说要放弃，总觉得不甘心。写的真的很烂吗？都坚持了这么久了，现在放弃，那之前的努力不就白费了吗?

一次又一次挣扎过后，我还是决定写下去，大不了只写给自己看。

说到底，我还是不舍得放弃。

之后，我无意中认识了一家工作室的编辑，便开始进入工作室写稿子。慢慢地，我找到了一些自信，不断学习，不断进步，后来也就出版了自己的书。

于是，我在做任何事的时候，都告诉自己，难过的时候，坚持就对了。

这句话在我另外一位朋友菲儿的身上也得到了验证。

菲儿比我大三岁，一直是我心目中的女神，在健美操界，她可是响当当的人物。

她给我讲过一段她自己的经历。

刚刚开始成为健美操教练的时候，她还是个初出茅庐的小姑娘。那个时候她教课的地点在郊区的一所附属小学，可她的家在这座城市另一边的郊区，也就是说她只要出来上课，就要横跨整个城市。

那是一年冬天，寒风刺骨。上完课她匆匆忙忙出门，因为郊区通往市区的公交车停运较早，况且冬天天黑得也早，出来晚一点儿就会错过最后一班公交车。所以，她每次上完课，不等身上的汗落干，便匆匆出门赶公交车。

可那天她一出门，竟然发现外面的雪已经淹没了鞋底。

因为初来乍到，也没有什么认识的人，又是个小姑娘，也不好意思求人搭个顺风车什么的，她就一个人背着包冲进了大雪里。

本来上完课之后，全身的汗都黏在衣服上，再加上下着大雪，又吹着冷风，感觉身体都要被寒冷撕碎了一般。

然而，老天却丝毫没有怜悯这个二十出头的小姑娘，雪越下越大，风越吹越凛冽。

她觉得自己全身都没有知觉了，尤其是双脚，总觉得已经不受自己控制地向前走，麻木了一般。

天渐渐黑了。因为下大雪，路上甚至连行人都没有，只有昏暗的路灯，飘扬的雪花，陪伴着孤单的她。

她满脑子都在想，这个时候别的女孩子在做什么呢？可能正依偎在男朋友抑或是父母的怀里在充满暖气的房间里看着电视剧，可能正和家人围拢着桌子吃着热气腾腾的火锅，可能姐妹几个捧着热茶正有说有笑谈论着彼此的近况……

她忽然蹲在地上就大哭起来。同样是需要被呵护的女孩子，为什么她要受这样的罪呢？如果她愿意，她也可以躺在舒服的沙发里，喝着热茶，看着韩剧。为什么她要如此拼命呢？

风和雪把她的哭声湮没在寒冷的冬季。当她意识到自己在这样的地方哭很傻很天真的时候，她便擦干了眼泪。

她回头看了看自己走过的路，之前一连串深深浅浅的脚印已经被新的雪覆盖了。

她忽然想，如果自己从这一刻放弃，那她之前所有的努力就好像今天走过的脚印一样，会被雪完全掩埋，看不出任何印记。可是，她却忘不掉自己曾走过的这一段艰辛的路程。

最痛苦的莫过于，你曾经做过许多努力，可这些努力别人全都看不到，只有你自己记得那些艰苦的日子，因为别人只在乎你最后的结果是好还是坏。

后来回忆这段往事的时候，她说，她已经不记得那一天是怎么回到家里的。但是，那一天走过的雪路却让她这辈子都没有办法忘记。

她和我说，如果我放弃了，我都对不起曾经下过的那场大雪，和曾经在大雪里艰难走过的自己。

以至于后来，遇到再多困难的时候，她回忆起那天大雪里的情形，都会选择咬牙坚持。

直到现在，她坐在咖啡馆里喝着热气腾腾的咖啡，微笑着和我提起这件事。而这个时候，她刚刚结束一段忙碌的日子，她的队伍在全国的比赛中拔得头筹。面对冠军，她一笑置之，因为她已经不记得这是第几次看着自己的队伍登上冠军的领奖台了。

每个人可能一生中都会有那么一段难过的日子，这段难过的日子就是一个人人生的分水岭，有的人挨过了，有的人放弃了。

而那些成功者，就是在那段难过的日子里选择咬牙坚持的人。

而采访那些成功者的时候，你会发现，埋藏在他们记忆深处的，并不是取得成功时的那份喜悦，而是难过时他们的坚持。我已经不止一次听到过这样的话。

我很感谢自己，也永远不会忘记，在那段难过的日子里选择坚持。

所以，难过的时候，坚持就对了。一旦放弃，你辜负的人不仅是你自己，更是你曾经所有的努力。

没有毅力，你终将一事无成

毅力是什么?

毅力就是坚持，有毅力就代表着努力。

在这个词语的解释里，毅力指一种心理忍耐力，一个人在学习、工作中的持久力。而这个持久力的大小将决定你未来成功的多少。

既然如此，谁又能随随便便成功呢？随随便便努力一两次，随随便便尝试一两下，就能成功吗？答案自然是否定的。

有天赋，有目标，有信心，这些还远远不够，还要加上毅力才能让你登顶高峰。

接下来，我要讲的是我老公的故事，目前他是某高端汽车品牌的专业技师。他曾在这个品牌体制内，摸爬滚打，前段时间刚刚通过了专业技师的考核。

我老公没什么学历，中专毕业，地地道道的农民出身。在我们农村，有这样的习惯，如果家里有一儿一女，就会供女儿上学，把儿子留在家里为自己养老。一般情况下，有些家庭也会把儿子送到一些技术学校学点儿技术，回老家也好有口饭吃。

我老公就是这样的情况。他初中毕业后被送到了一所中专院校，专业是汽车维修与管理，说是三年制，可第三年的时候就没有课程了，都是自己出去找工作。

他不愿意回老家，便留在了城市一家修理厂做学徒，月薪四百元，管吃管住。他一直是一个很能吃苦的人，也很爱学，年轻嘛，拼劲儿很足，半年之后，便可以独当一面了，老板给他涨了工资，月薪六百元。

这样的日子持续到一年的时候，他的维修水平已经和当时带他的师傅不相上下了。他再一次向老板提出涨工资，老板拒绝了，他就辞职了。

辞职之后，老公去了一家低端品牌汽车做售后维修，月薪一千多元，偶尔才会加班，日子过得倒也轻松，比起之前在修理厂没日没夜的工作好了太多。

这样的日子又过了差不多一年的时间，身边的人走了又来，来了又走，他忽然觉得自己是不是也应该去进行新的尝试呢？

于是，他再一次辞职了。

那个时候他脑子里想的只是赚钱，希望自己能赚更多的钱，所以，他想要转行，什么工作赚钱多，他就要做什么工作。

回忆起这段往事的时候，他和我说，当时不知道怎么回事，就一门心思想赚钱。他做过房地产中介，每天跑东跑西，带着客户看房，风吹日晒，整个人都不成样子。

那段时间他过得着实辛苦，工作不稳定，也没有地方住。他甚至有一段时间一直住在火车站，还花了几十元买了一辆二手自行车，时常骑几十里路去应聘。

这样的日子持续了大半年的时间，他自己都不清楚自己换了多少份工作，做一段时间觉得没有前途，便辞职找新的工作。

忽然的一天，他意识到自己这样下去不是办法，也可能是老天爷的眷顾，正好一家高端汽车品牌要开业，正在招聘员工。

看到招聘启事的时候，他便想，与其去尝试那些新职业，不如在自己擅长的领域里一门心思地钻下去。

他毫不犹豫地去应聘了，因为员工紧缺，尽管他学历不高可还是被留了下来。

留下后，他便再也没有离开这个行业。

因为年轻，踏实，努力，他不断获得外出培训的机会，从一级技师不断向上冲刺，直到今天，他已经是这座城市里为数不多的几名专业技师之一了。

回想起当年的情形，他总是十分感慨。他说多亏了当年自己又坚持了一下，如果他还是像当初那样，不断换工作，没耐心没毅力地走南闯北，可能早已经回家种地去了。

他和我说，当年那家低端汽车品牌店成为了许多人的分水岭，在这个行业坚持下来的人，现在混得都不错。

有的人留在那家品牌店里，目前已经是经理级别；而离开那家店去了别的品牌店工作的人，也已经小有成就，要么职位高了，要么薪水高了；而彻底离开这个行业的人，因为大部分都是农村里的年轻人，没有坚持一段时间就回老家了，和他们的父辈一样又回归了土地。

我们是来自农村的孩子，我们从小就看着家里的父母面朝黄土背朝天地工作，所以大家都想要改变自己的命运。可是，我们有一样的初衷、一样的渴望、一样的对大城市的向往，不一样的只是彼此的毅力。

坚持下来的人都改写了自己的命运，而那些放弃的人，又回到了原来的位置上过着和父辈一样的生活，然后把希望寄托给了自己的孩子。

前几天，老公在微信朋友圈里看见了一个久违的同事的状态，那个同事是和他一起走进那家高端汽车品牌店的同事，只可惜工作了差不多两年的时间，坚持不下去了便回了老家。

那个状态只有一张照片，照片的背景是一片玉米地，那是个玉米成熟的季节。照片上，那位同事的儿子看上去三岁左右的模样，正坐在地里啃着一根玉米棒。照片中还有其他正在忙碌的身影，应该是他的家人吧。

老公说，如果当初我们没有坚持一下，这张照片也可能就是我们的生活吧。

你说，没有毅力可以吗？没有毅力，一个人将一事无成，再宏伟的梦想也只能是一个梦而已，再伟大的理想也只能是想一想罢了。

你敢不敢迈出第一步？你会不会一直专注于此？你能不能始终自制？你是否可以忍受挫折？这些都是由你的毅力决定的。

面对这个世界，你要敢于拼搏，更要敢于坚持。

记住，毅力永远都是你成功的必要元素，可以多一丝，却不能少一毫。

不是努力不够，而是你根本没有努力

前段时间看见一个朋友在朋友圈里发的状态：为什么我努力了这么多，还是没能达到我的目标呢?

已经不是第一次在朋友圈里看见类似的状态了。大家总是会发出这样的感慨：我很努力，却毫无收获，或者努力的程度和收获的多少为什么不成正比?

于是，有些人觉得可能自己的方向错了，开始不断定位；有些人觉得可能是自己运气不好，把一切都归咎于运气；有些人觉得可能自己就是这种命，开始自暴自弃。

可我真的很想问一句，你真的努力了吗?

还记得大四那年的上半学期，很多人都在准备着考研。莉雅是我们同系的同学，因为有些课程在一起上，大家比较熟悉。大四之前，她坚决不考研，但是大四刚一开学，不知道怎么回事，心性突然发生转变，钻进了考研的大军里。

相信每一个经历了考研的人都会有所体会，大四上半学期那简直是炼狱一般。每天很早就从宿舍里出发去自习室或者图书馆看书学习，很晚都要在大爷喊了好几次要锁门的时候才会磨磨蹭蹭背着书包出来。

莉雅本身就是一个不怎么爱学习的学生，所以我们许多人对她考研表示匪夷所思。不过，她看上去的确也比以前用功了，早上早早起床背着书包就出门了，晚上回来得也很晚。

可是，考研成绩出来的时候，莉雅差了三分才到考研分数线，离她报考的学校分数更是相差甚远。因为差了三分才到分数线，她甚至连调剂都不可能。

成绩出来的那天，几家欢喜几家愁。莉雅哭得死去活来，一边抽泣一边觉得自己委屈。

她说，自己努力了这么久，半年的时间就这么打水漂了。哪怕过了分数线，能调剂学校也可以啊，结果却是这么残忍。

对于莉雅的哭诉，很多人都表示木然，甚至有人嘀咕道，你真的努力了吗？

没错，她的确每天早上很早就出门了，磨磨蹭蹭吃过早饭就立马去图书馆自习。但是，当她把书才放到桌子上，却开始玩起了手机。她一般都会发一条充满正能量的状态：新的一天开始啦！然后，配图便是以图书馆为背景的她的自拍照。

基本上把微博、微信朋友圈、QQ空间、人人网什么的都刷个遍，她才开始打开课本。有人说，有时候十点多钟去打水路过她的位置上，发现她的书包竟然还没有打开。

刚开始学习，莉雅的耐性很差，刚看了一会儿书，椅子还没坐热，便会转身去找其他有意思的书看，或者打开手机和朋友聊一会儿，偶尔还会和自己身边的同学聊上几句。

午休是她必不可少的“功课”。午饭过后她都会来个午睡，有时候一觉能睡到四五点，然后匆匆忙忙晚饭也不吃便去学习了。她还觉得自己很伟大，为了学习都做到了“废寝忘食”的地步。等到晚上七八点觉得饿了，她就开始出去觅食，慢吞吞地吃完一顿，回来坐不了半个小时，大爷便开始过来催着要关门了。

莉雅每天看上去真的和其他考研生没有区别，早出晚归，可实际上，真正的学习时间却少得可怜。再去看看她的社交网络，内容实在丰富，朋友圈的状态一个不少发，人人网的分享一天都没落下。而那些真正在用功的人，哪有时间发状态啊，恨不得一天二十四小时都在努力学习呢！

像莉雅一样的人真的不少，总觉得自己很努力，实际上却根本没有努力。

对比莉雅，我的另一位同学的考研经历，堪称励志。

每天早上起床，不是先去食堂，而是先去河边背一会儿单词。她说，那个时候记忆力好，况且食堂的人太多，耽误时间，等她背完单词，再去食堂的时候，人少了许多，她也可以用最快的速度吃完饭。

午休永远控制在半个小时内。因为她说睡多了，下午不清醒，不睡的话，脑子又总是发胀。晚饭过后从不回宿舍，她说屁股一沾到床就担心起不来会犯懒。

再看那半年她的社交网络，上一条状态还是大三结束的时候聚餐发的。那半年里，她偶尔也会刷一刷社交网络，但是真的没时间去给谁点赞和评论，更没时间发布自己的状态。

努力了总是会有回报的，她以第一名的成绩考上了北京一所名牌大学的研究生。

当你觉得可能是自己努力不够，或者运气不好的时候，何不自我反思一下：我是不是真的努力过呢？

有多少人口口声声地说着我要利用下班时间努力学外语，却在下班之后窝在沙发里看肥皂剧？有多少人信誓旦旦地说我要利用业余时间开一家淘宝店，成为下一个在淘宝的掘金者，却一直在睡觉或者逛着淘宝买东西？有多少人一再强调什么都不拼只拼自己，却在别人拼命的时候，偷偷地玩着手机游戏？

他有可能真的买了外语书，可看了三分钟便丢在一边了，一周过去，页码仍旧在第一页；他可能真的打算开淘宝店，一个人去寻找货源，可找了三五家觉得没戏便停了下来；他可能真的挺拼的，早出晚归，却花费了太多时间在不必要的事情上。

生活中，有太多这样的人，同样的上下班时间，同样的八小时工作制，同样是挤公交坐地铁，甚至是同样的工作类型。有的人一两年便崭露头角，有的人三五年却还是碌碌无为；有的人三四年已经让自己安家扎根，有的人七八年仍过着“月光族”的生活。

起点差不多，工作差不多，随着时间的慢慢推移，大家的差距却渐行渐远。

老天爷每天给我们的都是二十四小时，并没有给谁多一分或多一秒，而你却被别人远远甩在了后面。不是你努力不够，而是你根本就没有努力！

看到这句话，你可能会觉得有些心痛，甚至觉得这句话未免太毒舌。可是，早点儿认识到这一点终究是好的，这远远比你每天还在思索“为什么他们都能买得起房子，而我却连存款都没有”好得多。

每当你没能达成自己的预期计划时，先不要急着怪自己运气不好，也不要说自己努力不够，不妨先问问自己：我到底努力了没有？

我想，你总会找到自己的问题的。

有一种感觉叫落地生根

我的阳台上种了一种不知名的多肉植物，是之前买别的多肉植物送的一小株。当时看着蔫巴巴的，我就把它扔到花盆里没有管，结果它竟成活了。

春天是多肉植物疯长的季节。那个蔫巴巴的小东西长得出奇的快，没过多久，它的叶子上就生出了许多小疙瘩，又过了两天，那些小疙瘩就长成了两三片小叶子，差不多一周，叶子下面竟长出了根。远远看去，像是大叶子上停留了许多小蝴蝶一般。

这个时候，我才开始真正地去关注它。后来对比了许多多肉植物的图片，终于确定它的名字叫做大叶落地生根。

叶子落地便生根，成长为新的植株，这就是它名字的由来。

它让我想到了一个词语：归属感。

还记得大学的时候，曾经有幸观看了一场CBA的比赛，对战双方分别是天津的球队和上海的球队，意外收获是在那场比赛里见到了姚明。

我上学的时候非常喜欢姚明，或许是爱屋及乌，便支持上海的球队。但是，我们这些大学生之所以能够进入场馆看球，却是因为需要我们为主场作战的天津球队加油。

现场大部分是支持天津球队的球迷们，每当他们进球便是一片呐喊，每当对方进球又是一片嘘声。只有我所在的那一小片区域是为客场作战的球队加油的，每当我们呐喊的时候，总是会遭到无数的白眼。

那场比赛的结果我已经忘记了，我只记得回去之后被我们同校的一位学长说，你们没有归属感。

我们几个人当时义愤填膺，理直气壮地说，我们为什么要有归属感？我们原本就不属于这座城市，支持哪支球队那是我们的自由。

那位学长十分淡定。他说，不要忘了，如果没有这座城市，你们还不知道在哪里上大学，更不知道在哪里可以看到这样一场球赛。

我们当时仍旧不解，即便没有这座城市，那还有别的城市，即便看不到这场球赛，可能有机会看到别的球赛。

学长没有在这个问题上和我们继续纠缠，而是说，来这里看球赛的人，没有人不喜欢姚明，他是我们中国人的骄傲，然而现场的人大部分还是没有为他的球队加油。

这倒是事实，比赛结束之后，好多人堵在后台，就为了能够和姚明见一面，或是拍一张合照。当姚明出现在场馆内的时候，全场人的目光都被姚明吸引了，没人再去看比赛了。

但是，现场的呐喊和欢呼却都是为了主场作战的球队，而不是姚明带领的客场球队。

之前我一直不解，直到后来认识了大奔。

大奔是我之前的一位同事，一个东北的纯爷们，据说他名字的由来是因为他从小到大的梦想是拥有一辆大奔，所以大家都叫他大奔，以至于我连他的全名都不知道是什么。

我之前工作的地方堪称女儿国，因为女人真的很多，男人真的少之又少，几乎算得上万花丛中一点绿了，大奔就是这万花丛中的一点绿。虽然我们在不同的部门，但是打交道的地方还真的不少。

接触久了才知道大奔一毕业就来了这边，一干就是五年。但是我当时很纳闷，干了五年怎么仍旧只是一个小职员，只是比我们这些新来的挣得多一点儿，职位上几乎没有差别?

有一次圣诞节要做活动，集体加班。这已经是第N+1次加班了。上了一天的班，晚上还要加班，更可气的是没有加班费，这对我们这些新人而言简直不能忍受，大家纷纷抱怨。

大奔站在一边却一副无所谓的样子。他说，你们这些小丫头一点儿归属感都没有。

当时一个新人说，如果每月多给我发两千元的工资，我肯定会有归属感。

另一个人说，大奔，你倒是有归属感，归属了五年不一样还是这个职位，还拿这点儿薪水?

我觉得这话说得有点儿过分了，便对那位同事使了使眼色。大奔却丝毫没有因为这句话而不高兴，仍旧是勤勤恳恳地工作。

后来我辞职了，偶然间在一次同学聚会上，知道了麦辉的事。麦辉是我的高中同学，在南方上的大学，毕业之后去了上海。他说上海人真的是好能算计啊，尤其是那儿的男人真不爷们儿，比女人还能算计，他说打心眼儿里讨厌上海人，于是便离开了上海。

离开上海之后，麦辉去了北京，每天挤地铁，他说每天只有一只脚的地方可以站，都快被挤成人肉烧饼了。他说北京有好多外地人啊，总觉得像是一锅大杂烩，而北京人拥有骨子里的优越感，待了一段时间他就选择辞职离开了北京。

离开北京之后，麦辉便回了老家。大家都以为既然别的地方都不喜欢，那家里总归能有他的一份归属感，可以踏踏实实工作了吧？可麦辉说，在大城市里待久了，觉得老家的人都好土啊，一切都土得掉渣，他还是没有办法踏实下来工作。

与此同时，我听之前的同事说大奔终于升职了，因为业务需要新增了一个部门，思来想去大奔这个元老级的员工最合适，便让大奔做了新部门的主任。

直到这一刻，我才明白大奔和我之前那位学长所说的归属感。

正因为大奔从入职的那一刻开始，便把自己当成了公司的一员，也把公司当成了自己的家，全身心投入到了工作中，五年如一日地工作，这才迎来了他职场的春天。而麦辉辗转多个城市，哪怕回了老家也没办法安稳下来，就是因为他从没有归属感。

一颗心总是飘荡在空中，摇摇摆摆，这个人又怎么会安心踏实、全心全意地工作呢？

所有人似乎都能明白，只要肯坚持就肯定会有收获。但是坚持的前提是什么？是先要把自己的根扎下来。如果从来都没有归属感，在工作的时候总在想，我是在为老板拼命，我是在为老板赚钱，我凭什么这么拼命为别人赚钱呢？你的力量总是会松懈的，哪怕坚持得再久也不会有收获的。

记住，你所有的努力都是为了自己，不是为了老板，只是为了你自己。

一颗种子怎么样才能生长呢？把根扎到土壤里。

我们又如何坚持努力呢？同样扎根，和心有归属。

告诉自己，我是大器晚成

出名要趁早。

这句话刚出现在公众视野中便被人们奉为真理。一时人人觉得想要出名，一定要快一点儿，早一点儿。

还记得我那位叫容容的朋友吗？她当初就把这句话当成自己的人生格言，经常参加一些网络、杂志、报刊的征文启事，当时《新概念》正火，她每一年都要写稿子参加。可结果，所有的努力都石沉大海。

她当时一再和我说，不参加不行，万一选上了，我就火了，我未来的道路就一帆风顺了。

她沉醉于参加这种征文比赛性质的活动，可出名却遥遥无期。

一个人的才华被世人发现并挖掘出来，这自然是一件幸福的事情。可如果真的是金子，哪怕被沙子埋住了，也从不会担心自己的光芒被掩盖，毕竟金子就是金子，总有一天会发光的。总是担心自己被埋没，那可能并不是金子。

前段时间因为参加《我是歌手》大火的清华哥哥李健成为众人心目中的偶像，不得不承认，我也被他迷住了。

那清灵澄澈的歌声、随时迸发的段子、轻松自然的状态，还有他独特的个人魅力。

我相信很多人和我一样，是在观看了《我是歌手》之后才知道，原来李健是当初风靡一时的组合水木年华的成员。

还记得当初听水木年华的歌，那个时候只不过十几岁而已，那个时候只知道水木年华，却不知道李健的名字。

2001年水木年华在全国范围内火起来，然而2002年，因为与组合内成员对音乐的追求不同，李健选择了单飞，之后便慢慢在人们的视野中消失了。

其实，李健并没有消失，他仍旧在创作音乐，只不过没有以前那么火，没有以前关注度那么高。直到2010年，王菲在春节联欢晚会上演唱了一首《传奇》，这是一首李健创作的歌曲，才让李健受到越来越多的关注。2013年，李健和孙俪在春节联欢晚会上合作了一首《风吹麦浪》，他也越来越频繁地走入了人们的视野。

在我看来，李健真正大火其实是在《我是歌手》之后。那个时候，微博上、新闻上每天都会有与李健相关的内容出现。

在《我是歌手》的舞台上，李健永远都是那么从容，要知道他参加的可是一档音乐竞技类的节目，和他面对面的都是全国顶尖的音乐高手。然而，他的表情从来都只有从容、淡定。

与之相比，有些年轻的歌手总是显得那么急躁，一期的名次排列不如意，紧张的表情就立即挂在了脸上。

由此，高下立见。

虽然，最后李健没能夺得冠军，但他却是那一届《我是歌手》中最出彩的一位歌手。

我看了一期关于李健的采访，李健在采访中仍然平淡如水。他讲了许多关于自己的歌，关于自己过去的故事。

最后的时候，记者问他面对自己的突然走红，他有什么样的想法。

李健说，他觉得音乐圈这个事情，只要默默耕耘就好，其他的一切都交给时间，当你积累到一定阶段的时候，公众总会给你反馈的。

默默耕耘，慢慢积累，剩下的交给时间。

我忽然觉得这句话很有道理，不仅是在音乐圈，这似乎放之四海而皆准。

很多时候，不是我们没办法接近我们的目标，而是我们太过于急功近利，忘记了自己积累的还不够，一味追求所谓的成功，到头来却是心急吃不了热豆腐。

还记得中学时学过的一篇文言文，讲一个孩子五岁便能作诗，父母以他为荣，便带着他四处游走，大有卖弄才华的意味，那个五岁的孩子红极一时。只是后来他却变成平庸之人，再没有什么可供人称颂的作为。

五岁便可出口成诗，的确是难得的天才，可是到头来为什么没有一番作为呢？答案当然是没有一个积累的过程。

五岁能作诗，是天才。十二三岁还是作同等程度的诗，还有什么值得歌颂？二十岁能作诗，可不就是平凡之人吗？

所以，哪怕是天才，也需要一个积累的过程，去慢慢沉淀自己。

当你年纪轻轻便开始崭露头角的时候，一定不要沾沾自喜，你可能只是比一般人多了一些运气。想要走上更高的阶段，想要让自己崭露头角，那就需要不断学习，不断进步，不断积累。

然而，当你做了许多努力，却仍旧没有一番作为的时候，也不要自暴自弃。告诉自己，我是大器晚成。慢慢积累，慢慢沉淀，终有一天，你会迸发出耀眼夺目的火焰。

要知道，历史上大器晚成的人物比比皆是。刘邦48岁时方领导民众举起了反秦大旗；吴承恩60岁左右才完成传世名著《西游记》；姜子牙在72岁（也有说80岁）高龄的时候才被拜为国师。

十几岁没有作为没关系，二十几岁没有作为也没关系，甚至三十几岁、四十几岁没有作为都没有关系。

因为，你只不过是大器晚成而已。

厚积薄发，大器晚成。

这是我最喜欢的两个成语。在最昏暗的人生岁月里，一定要记住：不要放弃，不要气馁，先厚积，再薄发，是大器，早晚成。

其实，从来没有什么奇迹

最近在看一档综艺节目《燃烧吧少年》，算是一档选秀节目，通过分组比赛，相互较量，最终胜出的组合才可出道。

节目本身是很励志和精彩的。但是，让我印象深刻的是少年掌门人李宇春的一句话。

她说，这个时代，没那么多黑马和逆袭的。

这句话在现场引起了轩然大波，有的人觉得她说这句话未免太狂妄，有的人觉得这是她对少年的信心和肯定，有的人却觉得这话恰到好处。

其实，这句话真正的含义是，这世上没什么奇迹，有的只不过是不为人知的努力和坚持。

我有一个朋友，从高中就认识了。当时我在写小说，而她也在写，虽交集不多，我们却成为了惺惺相惜的好朋友。

我的这位朋友名叫容容，非常喜欢看书和写字，语文成绩永远都是最高分，更是擅长遣词造句。

或许你从我的描述中便可以看出，我对她那是非常敬佩的。事实也的确如此。我从来都不知道一个生活在现代的人怎么能够写出那么古风古韵的词句，简直让人如临其境。

除了语言功底好，容容还是一个脑洞大开的人。她经常会和我谈起她新的创意和构思，有时候甚至直接把她一整本小说的思路从开篇讲到结尾。

有时候，我也会被她构思的小说迷醉，经常会催促她写出来。她偶尔也会写一写，但大多都是半途而废，写到一半有了新的思路便开始“喜新厌旧”。

她拿给我看的完整小说只有一部，而零散片段、半途而废的却数不胜数。高中毕业之后，我们去了不同的学校，开始了不同的人生轨迹。

偶尔，容容会给我打电话或是在QQ上聊天，聊彼此最新写的小说或是进展。每当聊到她的新思路，隔着手机或是电脑屏幕，我都能想象到她眉飞色舞的表情。可过了不久，这个新思路便被另一个新思路代替了。

有时候，我会和容容说，你坚持把一本写完怎么样？容容也会认真思考，也会想要坚持写一本试试看，可没过多久就抛诸脑后，也许她觉得这一本不够好，要写一本更好的。

大学期间，她一直如此。

大学毕业之后，我们很少联系了，只是偶尔会通过各自的朋友圈状态了解彼此的生活动态。只知道她毕业之后辗转几个城市，最后在山西落脚了，找了一份稳定的工作，开始了稳定的生活。

时常会看见她在朋友圈里发一些小诗词或是小感悟，文笔和当年一样，总是能触动人的心扉。

我的书出版之后，容容看见了，主动和我联系。

她说，哎呀，真好，想不到你的书真的出版了。

我说，是呀，费了很大的力气呢。

她说，好羡慕你啊，不像我总是半途而废的。

我说，你文笔那么好，坚持写一写，没准儿就出头了呢。

她说，我也想啊，可是坚持不下去怎么办？

我不知道该说些什么，便发给她一个微笑的表情。

我曾经设想过，如果容容能够坚持一下，把自己的那些思路坚持完成一两个，或许她的人生会不一样呢？毕竟，她真的是一个非常有才华的女孩子，在文笔和思路上都是佼佼者。

一个如此有才华的女孩儿，就因为没有坚持一下，写作之路基本上完全葬送了。

还记得我第一年参加高考的时候，那一年的题目非常难，高考结束，不少同学都是哭着走出考场的。

到了高考出分的时候，让大家诧异的是，一个毫不起眼的女同学竟然过了二本的分数线！她因为刚过二本的分数线，虽然没能报考一个好的本科，却被上海的一所大学录取，据说那个专业非常好。可这样的结果已经算是奇迹。

所有人都说她是一匹黑马，可只有我们班主任说，她不是黑马，这是她应该考出的一个成绩。

的确如此，她同宿舍的好友都说，她比任何人都努力。两次模拟考试，她都没能发挥出自己真正的水平，让她十分气馁，可她没有放弃，一直默默坚持着，努力着。

晚上回到宿舍里，全宿舍的人都已经进入梦乡，她却躲在被窝里拿着手电筒学习。早上出早操之前，她的床铺已经是空空如也，她早已经去操场上背英文单词了。

高考前一周的时间，老师们都建议说这一周不要太拼命，最重要的是调整状态，让自己休息好。可是，她仍旧在坚持学习，早操都取消了，她仍旧很早就起床去背单词，晚上照样拿着手电筒学习。

所以，她的高考成绩只不过是她努力和坚持的结果而已，根本不能算作黑马，抑或是逆袭。

我们都是普通人，不是神仙，没有点石成金和移行造物的能力，也不是天才，没有过目不忘和出口成章的本领，所以，奇迹对于我们而言，只是“努力和坚持”的代名词而已。

有多少人曾梦想自己成为一匹黑马，让自己的人生出现一个惊天动地的逆袭，从此走上人生巅峰？可是，又有多少人却只是怀抱这样的梦想而在自己的平凡生活中碌碌无为？

我们不是没有成为黑马的潜力，我们的人生也不是没有逆袭的可能，我们只是没能在平凡的生活里去努力，我们只是没能在逆境中坚持罢了。

有句话说得好，成功不就是坚持一下，再坚持一下吗？

不坚持一下，你又怎么知道自己做不到？不坚持一下，你又怎么知道成为黑马的人不是自己呢？

说到这里，真的很为容容赶到惋惜，本就是一个很有天赋的人，为什么不多努力一下，不多坚持一下呢？

当你看见一个平凡的人忽然一跃登上人生巅峰的时候，不要说人家运气好，因为有许多东西是你看不到的。

最后，还是那句话，这世上本就没有什么奇迹，有的只是不为人知的努力和坚持。

如果你愿意努力和坚持一下，说不定下一个奇迹就是你。

来这世上是为了成为更好的自己

我们会看到一朵花随着时间的推移而慢慢开放，可让花朵开放的却并非时间，而是滋养花朵的阳光、空气、土壤和水，以及花朵自己积极向上的生命力。时间也会让我们渐渐成熟，可让我们越来越好的同样也并非时间，而是我们自己。一朵花来到这世上是为了开放，而我们来这世上走一遭，是为了成为更好的自己。

成长本来就是痛苦的

“我们听过无数的道理，却仍旧过不好这一生。”这句话出自电影《后会无期》，这句话引起了许多人的共鸣。

是啊，我们似乎从懂事开始，就不断听到许多所谓的道理，这些道理有些是父母告诉我们的，有些是老师告诉我们的，还有一些是出自路人甲之口。

然而听了这么多道理，我们仍旧过不好这一生，该遇到的还是遇到，躲不过的仍旧躲不过。

究其原因，只是因为这些道理在还没有经过亲身实践的时候，它们只是一些道理，仅此而已。

所以，成长本来就是痛苦的。只有受过伤，才知道伤有多疼，只有你经历了，你才会懂得那些所谓的道理。

我这个人遗传我妈，一直过得小心谨慎，也自以为只要这样小心翼翼，就会躲开所有倒霉的事情。我怎么都不能相信被诈骗这种事，竟然还会轮到自己头上。

因为我是贷款上的学，所以一直在校外做兼职。那一年大一快要结束的时候，我刚好在准备期末考试，就想辞去兼职好好备考。但是那段时间，我做兼职的西餐厅很忙，又因为临近考试，实在找不到别的兼职，老板又苦苦挽留，希望我可以做下去。

毕竟在这家西餐厅工作久了，多少也是有感情的，我也很感激这家西餐厅能够给我提供一个工作机会，于是便同意了。

那天是周末，西餐厅的生意简直好到了爆，晚上九点多钟的时候，我才拿了当天的工资准备回学校。就是在回学校的路上，我遇到了那个骗子。

那个骗子操着一口港台腔，穿得十分正式，干净整洁，头戴一顶鸭舌帽。他说自己是来这里上学的，刚下飞机准备去预定的酒店，结果发现自己的银行卡消磁了。

他一开始只是问我附近有没有银行可以办理银行卡的消磁业务，我并没有觉得有什么问题，告诉他这附近有好几家银行，只是都下班了。他显得十分焦急，说自己人生地不熟之类的，紧接着他接了一个电话，貌似是他的爸爸打给他的。挂了电话，他说他的爸爸很担心他……

最后，他提出希望借用一下我的银行卡，他爸爸想要给他打一笔钱过来，先解决他晚上的住宿问题。

我当时其实有些怀疑，脑海里也不断响起父母“别相信陌生人”的叮嘱，甚至想过拿一张没有钱的卡给他，即便是被骗了，也不会有什么损失。可最后鬼使神差我还是相信了他，把有钱的银行卡也给了他。

结果，被骗了。

我反应过来的时候，就马上报了警，但是已经于事无补了。银行卡里的钱已经被他取走。当时，学校里的助学金刚刚发下来，加上我大一一整年做兼职赚的钱，整整五千元，全部被骗走了。

当时，我真的是觉得天都塌了。辛苦了一整年，结果一夜回到了解放前。

报警之后，有警方联系了我，说这是一个诈骗团伙，已经作案多起，早就被盯上了。没过多久，这个诈骗团伙就被抓住了，但是，因为他们已经把所有骗来的钱都花光了，最后只能多判几年刑，而我的钱是怎么都要不回来了。

现在回想起来，自己当时真的是蠢到家了。首先为什么要相信陌生人的话，即便是真的，最起码要问人家要电话号码，要身份证，要家庭住址，然后拍张照片的吧。再者，一个二十多岁的正常人，怎么可能不知道银行在晚上九点多钟是不营业的呢。

这次事件让我清楚地认识到了几个问题：

第一，我还是很土很无知。虽然已经来城市上学一年了，但我仍旧是个土包子。我同学说我，如果你能多认识几个名牌，当那个骗子自称家里很有钱的时候，你最起码可以通过他身上的服饰去判断他说的话是真还是假。

第二，我还是不够谨慎。虽然一直觉得自己是个很谨慎的人，做事小心翼翼，但是真正到了紧要关头，真的是粗心大意得要死，仔细分析一下那个骗子的话，其实都是漏洞百出的。

第三，太过于相信自己。其实我中途是有机会戳穿骗子的行为的，因为我回了一次学校宿舍去拿我的银行卡，中间遇上了同学，同学还和我说宿舍快锁门了，赶紧回去。哪怕我有一点迟疑，和同学说一下这件事，可能就可以避免这次事件，只可惜我太相信自己的判断，没和任何人提。

这次事件结束之后，很长一段时间我都没有笑容。还只不过是个不满二十岁的小姑娘，就经历了这么大的事情，每每想起来我都会掉眼泪。好几个月过后，我才能和别人讲述这件事，直到现在我可以谈笑风生，像是说别人的故事一样，把整件事讲出来。

我这个人很多时候感性大于理性，经常以自己的喜好、观点去判断所有的事情。在经历了这件事之后，我才开始慢慢变得理性起来，遇到问题会冷静下来分析，而不是莽撞地凭着一腔热血就去做。

所以，我才觉得但凡成长都是痛苦的，因为你不经历痛苦，也就不会成长起来。就好像别人说葡萄是酸的，你不亲自尝一尝，就不会知道葡萄的酸是什么味道；就好像别人说失恋很痛苦，你不经历一次失恋，就真的不知道失恋到底是什么滋味。

成长伴随着痛苦。再向深处说，你想要变得强大，想要成功，这个过程必定是痛苦的，是折磨的，是艰难的，但未来是光明的。

不要害怕痛苦，因为这些痛苦是人生必不可少的经历。当然，你也可以选择躲在自己的象牙塔里，拒绝成长，拒绝痛苦，拒绝经历所有。可如果真的如此，你的人生还有什么意义？不是白白活了一辈子吗？

你总是要成长的，成长必定是痛苦的，你，别无选择。

你的倒霉都是你自己造成的

之前刚刚流行“天天”系列游戏的时候，大家几乎都是一窝蜂地在比拼游戏排名。

还记得那个时候刚刚出来斗地主，我之前的一位同事小李一不小心得了第一名，奖励了一万个豆子，又一不小心嘚瑟了一下，分享到了朋友圈里。

结果那天领导一不小心就看到了那条获得斗地主第一名的朋友圈状态。然后，开会的时候领导对小李进行了点名批评，并且扣除了他当月的奖金。

小李叫苦不迭，一直抱怨说，我怎么这么倒霉？

也许你会同情，怎么别人玩游戏没有被领导抓住，而小李玩游戏就被抓住了呢？真是倒霉。但仔细一想，却不尽然。首先，上班时间玩游戏本来就不对，再说，如果一开始没有玩游戏，也就不会被抓，不就不会有这所谓的倒霉了吗?

说到底，这倒霉还是他自己造成的。

我有一位大学同学萧萧，自认为很聪明，每次都和公交司机斗智斗勇。

大学那会儿，学校位置比较偏，附近也没有什么好玩的，大家便经常坐公交车一起出去做兼职。那时，我们学校门口的公交车有一元五角的也有两元的。因为讨厌每次都要找零钱坐车，便有人干脆办了公交卡，那会儿办一张公交卡要几十元，所以很多人都不愿意办公交卡，于是只得把一元的零钱攒下来，以备将来不时之需。

当时，萧萧在学校外面有一份兼职，每次都需要坐公交车过去。但是，萧萧正常缴纳公交车费的次数真的是少得可怜。

有时候，她会用五角的纸币裹着一个一角的硬币，假装一元五角丢进投币箱里。司机偶尔会瞄一眼，看见五毛钱，又听见“嘣”的一声，就以为小姑娘是拿了一个一元钱的硬币五角的纸币，就不在意。甚至，大多数情况下，司机是不会细看的。

有时候，她会把一张一元钱叠好几层，假装是两张的样子投进投币箱里，也不会引起注意。

甚至有一次，她只有一枚五角的硬币，翻遍了口袋，也没能找到零钱，剩下的全都是五元十元的。最后，她从包里翻出来了一个游戏币，可能是之前打电动的时候落下的。她便把那枚五毛钱硬币放在上面，和那枚游戏币一起塞进了投币箱里，结果，也没有被发现。

回来和我们讲起来的时候，她还沾沾自喜，觉得自己好聪明。她几乎每一次都能得逞，也因为每一次都能得逞，她的胆子也越来越大。

结果，有一次，她栽了。

那天，她照样实施着自己的老伎俩，用一毛钱的硬币充当一元钱的硬币，结果被司机逮了个正着。可能那天司机师傅遇到的这种情况比较多，实在忍无可忍，终于在萧萧这里爆发了。那个五十多岁的老司机，朝着萧萧破口大骂。

那意思大抵就是，你一个二十多岁的小姑娘，还是个大学生，干这种事情，真是不害臊！

其实，老司机说的也没错，一个二十出头的小姑娘，还是接受高等教育的大学生，竟然会逃一块五毛钱的车票。

当时，公交车上坐满了人，萧萧要上车的站点也站满了人，老司机朝着萧萧那叫一顿数落。萧萧也觉得自己脸面上过不去，被老司机骂哭了。

后来，一位好心的阿姨过去劝和，说小姑娘肯定是没零钱了，不然也不会这样的。说着，那位阿姨从兜里掏出来两元钱塞进了投币箱里，还把萧萧送上了车。老司机最后也没有说什么，就把车开走了。

回来之后，萧萧的眼睛已经哭肿了，等她冷静下来和我们讲完这件事，满腔的愤怒已无法遏制。

说：你们说一个大老爷们骂一个小姑娘，这合适吗？

说：不就是一块五毛钱吗？他至于当着那么多人的面骂我吗？

说：姑奶奶是差他这一块五毛钱还是怎么的？

说：以后我看见那个老男人，绝对不坐他的车！

说：我今天出门没看黄历，太倒霉了！

……

她说的每一句话我都想反驳两句。一个大老爷们骂一个小姑娘自然不对，可也不想想人家为什么骂你？不就是一块五毛钱吗？如果你不差那一块五毛钱，干嘛要用这种伎俩逃票呢？如果说倒霉，那难道不是自己造成的吗？

当时我们所有人都表示非常无语，难道不是因为她逃票在先，才被老司机逮个正着痛骂了一番的吗？老司机说话固然难听一点儿，但是老司机有理啊，逃票本来就是不对的。一个老司机当街怒斥一个小姑娘固然是没有风度的表现，但是，一个小姑娘逃票就是有风度的吗？更何况，还是个大学生，受过高等教育。

萧萧始终没有认识到自己的错误，不但在逃票这件事情上任意妄为，继而还延伸到了别的事情上，比如说做兼职的时候偷奸耍滑，趁着管理人员不在迟到早退。当然，她的“倒霉事”也在继续，有一次被逮个正着，那一天的工资全部扣了。

尽管经历了许多这样的“倒霉事”，可萧萧依旧没有意识到这一切的倒霉根源正是她自己。

大学毕业之后，听说了许多关于萧萧的事情。据说她还是改不掉偷奸耍滑和爱占小便宜的毛病。

据说她本来工作好好的，结果因为偷懒，把工作都推给了新来的同事，可这新来的同事什么都不会，把事情搞得一团糟，经理一生气，连同她一起开除了。萧萧只能一边喊着“倒霉”，一边继续找工作。

我想，如果萧萧一直意识不到所谓的“倒霉事件”都是由她自己一手造成的，她可能会一直“倒霉”下去。

生活中，我们好像总会遇到这样或那样的倒霉事，但其实仔细想想，有许多倒霉事其实都是由我们自己一手造成的。

那么，如何才能尽可能地避免这类倒霉事件的发生呢？我想，也只剩下一条途径——努力把自己做到最好。

要相信：一个人，只要足够优秀，他也就会足够幸运；而一个人，如果十分差劲，他也就会越来越倒霉。

请相信：你所有的好运气，都与你的优秀密不可分。

你必须快速成长

过年回家。

没有能回来过年的小姑建了一个微信群，大家在微信群里聊得很嗨。

我记得是大年初五那天，小姑忽然在群里分享了一篇微信文章，那文章讲的是一个人拼命努力的理由。然后，小姑在群里说，我最大的遗憾是没能让我爸爸坐上我买的汽车，你们几个小辈，一定要快快成长起来，要让自己成功的速度比父母老去的速度快。

还记得我考上大学的那个暑假，去了一次北京，住在小姑那里，和小姑聊了许多。那个时候，小姑就说过，对于我爷爷，她心里一直别扭。

但是爷爷的几个孩子，大家的生活水平都不太好，没办法给爷爷奶奶更好的生活。只有小姑在北京还算有着自己的事业，她也总想着把爷爷奶奶接到北京，让他们也看一看首都。

有一年小姑真的做到了，把爷爷奶奶接到了北京，安排在一处她租住的房子里。可那个时候，小姑还没有能力买车，出门都是坐公交车。爷爷奶奶年纪已经很大，身体也不好，根本禁不起折腾，而奶奶也因为晕车晕得很厉害，更是没办法出远门。

结果，爷爷奶奶在北京住了小半年的时间，却只出过一次门。据我奶奶说，实在闷得慌的时候，老两口就去附近的公园爬爬假山。对于在农村里待了一辈子的他们，假山也是个稀罕物，逛逛公园就觉得很享受。

可我小姑心里却一直很别扭。

爷爷去世之后没过两年，小姑便买了车。第一次开车回老家，她嘴里一直念叨的一句话就是，要是早点儿买车就好了。

如果早点儿买车，就可以带着爷爷在北京城里好好转一转，看一看，这样爷爷去世也就没有什么遗憾了。她甚至想，如果早点儿买车，说不定能及时带爷爷去医院，说不定还能抢救过来。

只是所有的如果都已经没办法实现了。

因为成长得不够快，我们注定要承担很多无法承受的痛。

还有一个故事，是朋友讲给我的。

故事的主人公是我这位朋友的亲戚，我们暂且喊她红姨吧。红姨是个很有抱负的女人，二十出头的年纪结婚生子，熬到了快三十，觉得家里太穷，想要改变现状，于是借了一笔钱，和丈夫在一个三线小城市开了一家小饭馆。

一开始只有夫妻二人在忙碌，孩子也交给老家的公婆看管，但凡事最怕坚持，也就两年的功夫，小饭馆还真就红火起来了。可是那个时候孩子也要上学了，家里的开销顿时变大。红姨就想，这个小饭馆即便每天都坐满了人，从早忙到晚，一天的收入也没多少，于是，就想着扩大经营。

说干就干，红姨很快就选了一处地方，夫妻俩开了一个小饭店。但是，扩大经营有扩大经营的风险，原来的小店一开始只是做一些汤、面之类的，现在店大了开始做特色菜，口味变得尤为重要。两人起初自己上手，无奈手艺不精，炒出来的菜自己吃还行，实在端不上桌面，就咬咬牙请了一个厨师。

小店一开始生意很不好，一个季度清点下来，不但没有赚钱，反而还赔了不少。小两口急得像热锅上的蚂蚁一样，四处打听开饭店的办法。后来，两人又借了一笔钱，把小饭店装修得干净整洁一些，又聘用了一个专业的厨师。坚持了一段时间后，小饭店的生意总算是好一些了。

可是，夫妻俩也因此欠了一屁股的债。但两人并未放弃。

为了节约成本，早点儿把饭店的生意做起来，他们只雇佣了两个服务员。而他们自己也是哪里需要就到哪里去，一会儿端菜，一会儿结账，一会儿又去后厨帮忙洗菜切菜，完全没有一点儿老板的样儿。

后来，人们开始流行在外面吃年夜饭。夫妻俩为了多挣点儿钱，过年都不回家，只是和家里的老人孩子打个电话，就开始了一年中最忙碌的时候。

饭店的生意越来越好。当盈利多起来，红姨和她的老公便商量着，两个人也奔四十了，这一晃出来都十年了，他们决定多雇两个人，让自己能轻松点儿。

年底的时候，红姨和她老公看中了一套房子，两个人选择了一套大户型的，准备把儿子接过来，他们两口子住一间，儿子住一间，两边的老人轮流过来住一段时间。

夫妻俩满心欢喜地准备装修。

可就在装修快要结束的时候，红姨接到了家里的电话，她的母亲突发心脏病，送去医院没抢救过来，去世了。

红姨觉得简直是晴天霹雳，当她回到家里，灵堂已经设好了，她哭天抢地，然而，母亲再也回不来了。

后来家人告诉她，其实母亲的心脏病几年前就有了，因为一直在吃药，又一直没什么事，也就没有在意。

红姨听到这些，肠子都悔青了。如果她能早点知道母亲的情况，带着母亲去城里看病，说不定母亲就不会这么早去世。再者，如果她的饭店能早点儿步入正轨，她能早点儿赚到钱，她就可以早点儿回家，早点儿接母亲享享福。甚至，如果她能早点儿意识到要摆脱贫穷，早点儿去城里打拼，她的成功也会来得早一点儿，母亲或许也就不会有这样的一天。

可是，所有的事情都不可能再来一遍，所有的事情都不可能再有如果。

我们这一生有太多的理由去拼搏自己的事业，也有太多的理由可以停下来享受生活，但只有一个理由，我们一定要坚持下去，那就是我们成功的速度一定要比父母老去的速度要快。

要知道，人世间最大的悲哀莫过于子欲养而亲不待。

所以，你必须快速成长，快速成熟，快速成功。因为你成功得越早，你的遗憾就会越少。

那么，你还有什么理由不去努力呢？你还有什么理由不去拼命呢？拼一次吧，只为让父母能享上自己的福，只为不让自己的人生留下遗憾。

这世上有太多种生活方式

和闺蜜聊天，她忽然说了这样一句话：我觉得你现在的生活特别像一个脱离社会的家庭主妇。

我当时有一点儿错愕。

那个时候我刚刚亲身经历了一场所谓的职场斗争，作为一名职场菜鸟，我几乎毫无反抗能力就败下阵来，处处被打压，处处被欺负，加上那段时间我得了桥本病，脖子处有一个超大的肿块，所以我就辞职了。

在家里安心养病一段时间后，我始终觉得自己并不适合职场，我只想安安静静地读书、写字，于是就开始在家全职写作。

似乎没有任何不适，我便进入了全职写作的状态，并且十分喜欢这种自由支配时间的感觉。

好朋友的这句话让我真的有些震惊。

其实我不是第一次听到类似的话了，有好几个朋友都这样和我说过。全职写作，不外出工作，时间久了，就会与社会脱节，就好像许多全职太太会与社会脱节一样。很多人或许都是这样理解，并且对此深信不疑。

可我真的很喜欢这样的生活状态，甚至可以说是在享受这样的生活状态。

于是，我便向现在坐办公室的人求证。他说，适合自己的才是最好的，每个年龄段有每个年龄段的特点，每个人也有每个人的性格，这需要看自己适合什么。我又向一位全职妈妈求证，她是全职妈妈，也是一位全职写手，已经过了几年这样的生活。她对我的问题表示错愕，直接甩给我一句：与社会脱节？怎么可能！

于是，我开始问自己，什么样的生活方式才叫作生活？

在职场里打拼，五险一金，领着不高的薪水，有着自己的生活圈，周末约上三五好友去消磨时光，这是生活；一个人创业，没有人发工资，也没有什么这个险那个险，自己做老板，乐得其所，逍遥自在，这是生活；守着老公和孩子，守着一个家庭，没事的时候看看书，有事的时候忙一忙，这是生活；始终在兼职，奔走在这个城市的每个角落，收入不少，偶尔也会和朋友聚餐，这是生活；SOHO一族，白天忙碌着自己的文字和设计，晚上忙碌着自己的家庭，这也是生活。

一千个读者就有一千个哈姆雷特，同样地，一千个人便会有一千种生活方式，你只要找到自己的即可。

一条活在淡水里的鱼，它的生活是生活，一条活在海水里的鱼，它的生活也是生活，可如果把一条淡水鱼扔进海水里，可能就无法存活；一株生活在土壤里的绿萝，它的生活是生活，一棵生活在沙漠里的仙人掌，它的生活也是生活，可如果把一株绿萝移植到沙漠里，可能不久便会死去。

那么，我想说，适合自己的生活，才是生活，才有生活的意义。

我之前的同事岩岩，在我刚辞职的时候，拉着我的手眼泪汪汪地表示舍不得我，还说真羡慕我，说辞职就辞职了。

岩岩比我早一年半的时间进入公司，可以说是公司的老人了。从我进公司的第一天，岩岩就和我说，她在这里工作了将近五百天，有四百多天都想辞职，其余不想辞职的那些天不是休息日就是发工资的日子。

岩岩是个很有创造力的人。例如，公司同事都有一样的杯子，她就用彩笔在上面画了代表每个人的简笔画，栩栩如生，让人一看就知道是某某同事的。

岩岩也十分喜欢创造关于儿童和成人的游戏。她说如果辞职，她就会找一家专门做拓展游戏的地方，可以让她施展拳脚，脑洞大开。而她现在每天的工作都是一些婆婆妈妈的琐碎的事情，毫无创造力可言，时时刻刻都会让人打瞌睡想要睡觉。

我当时就问她，你毕业的时候为什么没有找类似的工作呢？

岩岩说，因为拓展游戏这一块在国内才刚刚发展，涉猎这个领域的都是一些小公司，甚至是一个连公司都算不上的工作室。再者，她的父母都希望她能有一份稳定的工作，然后按部就班找个男朋友嫁人生子，踏踏实实过着小日子就行了。

关键是她也觉得这样不错。

她说，辞职之后，就会失去现在的稳定生活，虽然可能会去工作室或者游戏公司工作，每天过着脑洞大开的日子，拼命行走在这个世界上，可是她却觉得那样的生活不是生活。

我当时就劝她，我说你可以尝试一下啊，不行的话再找一份稳定的工作，反正现在年轻，有时间，也有资本。

岩岩说，我考虑一下吧。

辞职一年多以后，我因为一些私事回了原来的公司一趟，再一次看见了岩岩，她仍旧没有辞职。

过了一年多，她的工作岗位没有变，仍旧是每天都忙于处理琐事。

我问她，现在还想辞职吗？

她几乎没有犹豫一秒，想，每分每秒都在想。

我又问，那为什么到现在还没有辞职？

她的回答和之前一模一样。

我就没有再说什么。

其实，我真的很想问她一句，什么样的生活才算是生活呢？

其实，我们不要再给生活下定义了，因为生活这个词语实在太大，根本没办法下一个具体的定义。

生活从来都不是别人说的那样，因为一千个人嘴里，有一千种对生活的描述。

不要用耳朵去听，要用心去感受，想想看，你到底喜欢什么样的生活？你到底适合什么样的生活？

就像我，全职写作之后生活慢慢步入正轨，也有了更多的自由支配的时间。我开始学跳舞，来弥补初中时候的梦想；我开始上瑜伽课，为了让自己有个更好的身体；我开始种植花花草草，也不失为一种生活雅趣。

你能说我的生活不是生活吗?

要我说，自己喜欢的，且适合自己的，才叫生活。

这辈子，你一定要过上属于自己的生活。

其实，你并不需要太多的朋友

有人说，朋友多了路好走，多个朋友多条路。

这话自然不假。

于是，从很小的时候我们就接受着来自家长、老师、书籍等各方面的教育：你要多交朋友。

我从小也是这样做的，很喜欢交朋友，好朋友就有一大堆。上了大学到了城市里，更是喜欢交朋友，对待朋友也一直坦诚相待，哪怕自己受点儿委屈，也决不能失去这个朋友。

可有一天，我忽然意识到我可能并不需要太多的朋友。

小北是我的大学同学，入学之初，大家总习惯性地找老乡，俗话说老乡见老乡两眼泪汪汪嘛。我和小北都来自河北，所以说，小北既是我的同学，又是我的老乡，关系上自然又亲近了一分。

后来，我在办理贫困生助学贷款的时候，小北恰好也在办理。于是，我们各种盖章、写文件、打印复印都在一起，相同的际遇让我对他有了更多的亲切感。

可时间总是残酷的，它会教你认清一个人。

我忽然觉得小北这人特别爱贪小便宜。

有一次我发了稿费，虽然并不多，只有三百元左右，但那个时候因为刚刚开始拿稿费，便兴奋地写在了自己的QQ空间里。小北立即回复道：请客。

请客就请客我也没觉得什么，便请小北吃了一顿饭，花了不到一百元。

吃饭的时候还算可以，说说笑笑，可回到宿舍里，我心里就有点不大痛快。因为我那个时候只是一个码字工，能拿到稿费真的是太不容易。那三百多元的稿费，是我熬夜写了好多天的稿子才得来的。

后来想想，请就请吧，反正大家都是老乡。

可请客这种事有了第一次就会有第二次，有了第二次就会有第三次……

我不记得请过他几次，只记得他一次也没有请过我。

印象深刻的还有一次，那时，我去人才中心存放自己的档案，半路晕车下了车，回来的时候天又下起了雨，恰好遇上了小北，小北骑着自行车载着我回了学校。

其实那段路也不算远，小北当天不依不饶地硬是要我请他吃饭。那就请吧，谁叫人家帮了我的忙呢！那顿饭，小北狮子大开口，一顿饭吃了两百多元，点的全是烤鱼和肉。

那个时候正好临近毕业，开销比较大，更何况我已经不向家里要生活费了，一切开销都是自己赚钱供自己，再加上刚还了助学贷款，手上真的不富裕。

我当时心里很别扭。小北也同样刚还了贷款，大家境遇差不多，他明知道我手里没多少钱，何必"宰"我一次呢？

回宿舍之后，同宿舍的好友都为我抱不平，骑着自行车载同学一段路就得请客吃饭啊？那不都是举手之劳吗？换作哪个男生会这样小气啊！

我虽然心里不痛快，可始终觉得人家毕竟帮了我，请人家一顿也是应该，便没再提这件事。

毕业之后，我们都留了下来，小北去了一家医院，我去了后来的公司，偶尔回学校遇到，也还是会像之前那样打招呼，寒暄几句各自的状况。

在我的印象中，小北只联系过我一次。那时我得了桥本病，脖子肿了一大块，辞职在家休息，这件事好多同学都知道，都纷纷问候我、安慰我，唯独没有小北。

而小北会联系我，是因为他姐姐好像也得了同样的病。他向我询问这个病的治疗方法，问了我哪家医院，哪个医生，每月医疗费有多少，我一一告诉了他。

而我也主动联系过小北一次。那时，家里的一个亲戚中风瘫痪在床，小北所在的医院主要就是治疗这类病患的。因为亲戚还在老家，也不太可能来这里进行治疗，我就给他打电话想问问这病还有没有希望治好，以及一些注意事项罢了。可谁知小北一听我的话，立即就说治不了，要来的话自己挂号吧。

一句话说得我一愣一愣的，于是便没有多说。

之后我们没有联系，直到我结婚。结婚就意味着一个问题，请谁来，谁就要随份子。其实，这个事我一直很头疼，总觉得叫谁就好像是跟谁要钱一样。

于是我决定留在这座城市里的同学同事就叫，外地的就不叫了。因为有几个同学还在读研究生，还是学生，我也一早就说过，大家在一起吃个饭热闹一下就好，不要随份子了。

之后，想了想，还是给小北打了一个电话。电话里小北支支吾吾似乎有些不乐意，后来才说我可以带女朋友过去吗？我喜出望外，说，那自然好。于是，这件事就应了。

可结果，请客头一天，小北给我发了一条短信，我今天不去了。

没有任何的解释，更没有任何的歉意。

我还追问他是不是有什么事，可结果他一条短信都没有回。

从那之后，我拉黑了他，删除了他的一切联系方式。因为我忽然意识到，这样的朋友不要也罢。

只会索取，不会付出，付出一点儿就立即要回报。你有事求他，他躲得比谁都远，他有事求你，不帮他就是你不讲义气。

这样的朋友有什么意义呢？

道不同，那就不相为谋。你讨厌我，我可能也不喜欢你，你走你的阳光大路，我过我的独木小桥，这样两个人都潇洒。大家都已经是成年人，没必要为了无关紧要的人和事浪费自己的时间和精力。

年轻的时候我们为自己的人生做加法，成熟的人要学会为自己的人生做减法，减掉那些不曾帮过你一次的朋友，减掉那些只会一味向你索取的朋友，减掉那些自私自利的朋友，减掉那些见利忘义的朋友……否则，当你为自己的人生目标不断努力奋斗的时候，你会发现这些朋友恰好拖了你的后腿。他们只关心你飞得多高，他们是不是可以沾光，却从不会关心你飞得累不累。

人生短暂，留给你拼搏的时间并不多，不减掉这些朋友，只会给你徒增烦恼，浪费你的时间和精力。

所以，该减掉的还是减掉吧。

稳定的生活，到底如何

我们这一代总是会把一句话挂在嘴边：等我稳定下来，我就怎样怎样……

我们上一代人也时常会把一句话挂在嘴边：找份稳定的工作，一辈子吃穿不愁。

那句稳定下来之后的省略句可能是——

我就去旅行，每隔一段时间去一个地方。

我就学健身，把自己的身材练得棒棒的。

我就学烘焙，让朋友圈的人都为我点赞。

我就开始摆弄花花草草，让我的阳台一年四季都是绿色常青。

于是，很多人都觉得找一份稳定的工作，拿着稳定的薪水，过上稳定的生活，再开始做自己想做的事情，喜欢做的事情，这是多好的生活状态。

所以，毕业的时候，不少人削尖了脑袋想要挤进稳定的国企，不少人昼夜看书想要考上公务员，因为只有这些才是人们眼中的“稳定的地方”，才是过上“稳定生活”的前提。

只可惜，真的是这样的吗？

我有一位朋友茵茵就在国企单位工作，每个月的确很稳定，上班时间稳定，工作内容稳定，薪水更是稳定。

茵茵的职位是一个很轻松的岗位，岗位轻松也就意味着挣得不多，她一个月只有不到三千元的薪水，福利倒是不错，保险，公积金，上得也很高。

工作没多久，茵茵便从她老妈那里拿了些钱，加上她和老公的一些，买了房子，首付多交了一些，每月房贷再用公积金换一部分，剩下的每月也不过几百元。

比起那些动辄房贷就几千的人而言，茵茵的生活应该算是很不错了，最起码房贷完全没有压力。

茵茵是个喜欢浪漫的人，没事的时候喜欢写写现代诗，之所以费尽力气进入这家国企，也是因为她希望有更多空闲的时间可以写写画画，再就是种种花草，在国内玩玩，去国外看看。

可是，当她的工作步入正轨，房子也买完了，一切似乎看上去都已经接近她所谓的稳定生活了，她所期待的事情却并没有发生。

原来，虽然还房贷没压力，可她和老公的薪水都不太高，加上她自己也爱花钱，有时候她自己的薪水都不够自己花的，还要用信用卡透支一部分。

于是，每次提到旅行，她就会想到自己干瘪的钱包。小两口根本攒不下多少钱，想想即便是国内游出去一次，两个人吃住行也要大几千甚至上万，更别提出国了。

因此，虽然她早早就办理了护照，然而等护照快要过期了，她也没出过国。

没有旅行，那能做些其他的事情吗？比如说像她原来期许的那样写写画画，摆弄摆弄花草。

答案是也没有……

为什么呢？

过得太安逸了。茵茵在单位里每天的工作都很轻松，在一个太过于安逸的环境里，人就容易产生倦怠感，以至于她回家之后也是如此，做什么都觉得懒懒的，不想动。

漂亮的本子买了一大堆，却没有一本像在学校时那样写满了漂亮的字体。想当初在学校里，每天上课下课，还要去做兼职，她都抽出了不少时间写写画画，工作之后，空闲时间多了，反而什么都没写。

再看我的另外一位朋友小夏，一开始和茵茵的想法是一样的，也想过着稳定安逸的生活，一毕业就进入一家公司开始工作，这家公司虽然是私企，但是公司大也很稳定。

工作一年之后，小夏忽然觉得自己毕业之前设想的一切在工作之后都没有实现，而且似乎五年、十年，甚至二十年都不太可能实现。她觉得自己的工作一眼就能望到尽头。

当时，她就辞职了。

小夏辞职的时候，大家都很诧异，都觉得小夏肯定是疯了！那么稳定的工作，很多人求都求不来，她却毫无理由地放弃了。

辞职之后，小夏成为了一名自由职业者。她本是一名少儿舞蹈老师，辞职后重操旧业，在各个少儿培训中心做舞蹈老师。

这几年少儿培训很火，在大街上随处一走，总能看到大大小小的少儿培训中心，小夏便跑到各个培训中心做舞蹈老师，所有的收入都来自各个培训中心的课时费。

一开始的时候很辛苦，因为她是新人，在这个行业里没有名气，培训中心给出的课时费也很低，有的地方甚至不敢录用她。

她每天都要跑三四个地方上课，每天都好像赶场一样。

这样辛苦的日子过了一年，她上课效果的好坏，各个培训中心也看出来了，她对各个培训中心资质的考察也考察出来了，锁定了两家比较大的培训中心之后，小夏的日子也好过多了。

课时费上涨了，小夏的日子过得忙碌而充实。

差不多过了两三年，小夏在业界已算是小有名气，课时费更是翻了两番。她贷款买了房子，最近一段时间又买了一辆车代步，因为去上课，有时候坐公交的确不太方便。

你可能会说，她赚钱可能不少，但是不稳定啊，没有公司上保险也没有公积金。

可是，小夏贷款根本没压力。她自己也说，如果没有贷款了，她就会觉得自己的生活一点儿压力都没有，没有压力，谁还有心思去上课？至于保险，她都是自己去交。

你可能会说，她是赚钱不少，可不也是照样没时间去旅行吗？

怎么会呢？小夏给自己制定的计划是每年至少出去旅行两次，每次至少一周的时间。只要想去，把课程停一停，随时拿着行李都可以走。

你可能会说，她还是不稳定啊。

我真的很想问，到底怎样才算稳定？你如果说她工作不稳定，或许是，因为上课时间经常会发生变化。可是，一个舞蹈老师，舞蹈功底和授课经验摆在那里，不愁没有人不雇她。如此一来，她的工资再稳定不过了吧！

茵茵和小夏，二人都有自己认为的稳定生活。区别就在于，茵茵的稳定是依托在一个稳定的体制之内，而小夏的稳定却依托于自身的能力。

但是谁都懂，与其把命运依托在一个看上去稳定的体制之内，不如把命运掌控在自己手中。况且有些时候，我们所谓的稳定只不过是看上去“稳定”罢了。

就像我，现在是全职写作，在外地定居，想回家的话，把手里的稿子安排一下，订张票就回家陪老妈去了。

你也许会惊呼，这也太不稳定了，可是我倒想问问——

我们嘴里那些所谓的“稳定”，可以支撑我们如此潇洒吗？

你也可以拥有自己的生活

一位朋友来我们家做客。那个时候我们家的房子刚刚装修好，看上去十分整洁。我还从网上淘了一些心爱的小装饰物，所以，即便是简装，看上去也还是独具匠心的，比较符合年轻人的口味和喜好。

这位朋友坐在我家的沙发上和我聊天。她不断地点头，嗯，真好。

我问她，好什么啊？

她说，你不好吗？你看看你有了自己的家，有了心爱的老公，有了自己喜欢做的事情，时间又自由自在，多好啊！

我说，你也可以啊。

她却摇了摇头说，我不行。

我追问，你为什么不行？

她笑而不语，没再说话。

后来，她便和我说，她想拥有一个属于自己的家，总是租房子住，总觉得什么东西都不是自己的，要迁就和自己同租的人，还要看房东的脸色。她说她想拥有一份有时间弹性的工作，能有足够的时间出去旅行，因为她从上学的时候就十分向往西方的文化，想出国走走看看。

她还给我描绘了一下她理想中的生活状态。

我和她说，你也可以拥有自己的生活啊。

她的回答总是，我不行，这种生活状态太理想化了，达不到的。

真的达不到吗？其实不是的。

我的大学同学大山和我一样是从村子里走出来的大学生，说起来我们还算是老乡呢。大山这个人有些桀骜不驯，女生总觉得他很狂妄，因此都不怎么喜欢他这个人。

大四的时候，大山和许多同学一起准备考研。据和他一起考研的同学说，考研的准备过程中，大山也是狂妄得很，总觉得考研是一件十分容易的事情，这个简单，那个简单。

结果，大山没考上。

随之而来的便是周遭同学的冷嘲热讽，大山满不在乎，说，谁说考研是唯一出路了？我踏踏实实工作三年，等你们三年毕业参加工作，说不定还不如我呢！大山还说他理想的生活是迎娶白富美，走上人生巅峰。

所有人都说大山这是吃不到葡萄说葡萄酸，自我安慰罢了，没人再理会他的话。对于他的理想生活，所有人也只当是笑话听一听罢了。

可事实证明，大山真不是在说大话。可能是因为考研失利给了他不小的刺激，大山在痛定思痛之后开始努力工作。年轻人总是需要为自己吹过的牛来买单，大山吹了牛，自然需要自己去买单。

大山竟然成功了。

毕业之后，大山和一家医疗器械公司签了约，成为了一名销售代表，开始走南闯北进行业务联系。那段时间，他的状态坐标总显示他在不同的城市里，偶尔会参加一些相关的会议，他都会发几张照片，有时甚至是和行业巨头握手的照片。

毕业差不多一年半的时间，我们这些大学同学嘴里讨论的都是他。很多人都说，大山这是走了狗屎运了。

运气好自然是一方面，可是，难道真的仅仅是运气好吗？

频繁的出差也就代表着频繁的工作，需要频繁地和各色各样的人打交道，频繁地讲述自己公司的产品，这也就意味着频繁的付出。

谁都知道销售行业需要良好的口才以及交际能力。但是从大学时期来看，大山的确不擅长这些，他的口才真的很一般，甚至偶尔会被嘲笑口齿不清。他的交际能力就更不必说了，在大学里的他算得上宅男一枚，很少出门，和陌生人打交道自然也少得可怜。甚至因为他的不善交际，导致无论男生还是女生都不太喜欢他。

可他偏偏进了销售行业，一年半的时间就成了公司的顶梁柱，据说公司已经给他升职加薪，对他十分器重。

让一个原本很宅且不受欢迎的男生在销售行业里做得风生水起，而且只用了一年半的时间，除了运气，我想他还付出了成倍的努力。

据说，现在的他可以很流利地用英语和外国人交流，偶尔会看见他穿着西装站在某个行业大会的门口拍照，脸上洋溢的总是自信的笑容。

据说，现在的他定居在了公司总部所在的城市里，已付了首付买了房子，也交了漂亮的女朋友。如今他出差的次数虽然很多，但因为之前已经谈下了一些固定的客户，现在出差要比一开始的时候轻松得多，所以出差对于他而言，更像是一边旅行一边工作。

突然想起大山的理想生活：迎娶白富美，走上人生巅峰。

我想，这也算是达到了他的理想生活吧。

要我说，想要拥有自己的生活很难吗？当然很难。如果轻易就过上自己想要的生活，那这个世界上恐怕就不会再有人抱怨不休了。

可是，因为难，我们就放弃吗？当然不。

世上无难事，只怕有心人。如果你愿意，肯低头努力，肯拼搏付出，你也可以拥有自己的生活。

可放眼望去，有太多的人因为觉得理想生活太难以达到，所以就自暴自弃，放任自流，得过且过了。

我身边有太多这样的例子了。

我的表姐高中毕业后上了一所专科学校，原本她也是怀揣着对城市和大学的向往，可是走进大城市，走进大学后，她发现一切都和自己想象中的大不相同。她忽然意识到，这些再好也只不过是过眼云烟，能够留在大城市里生活太难了，况且毕业就等同于失业，还谈什么定居！

于是，她开始自暴自弃，不好好学习，每天都在混日子，后来在老家交了一个男朋友，便干脆辍学回了家，到了年龄就结婚了。现在她像许多没有走出过村子里的女孩子一样，过着面朝黄土背朝天的日子，曾经那些对城市和大学的向往早已成为了永久的遗憾。

你看，我们都有过梦想，都有过向往，在这些梦想和向往面前，我们都是一样的，我们一样有拼搏的机会，我们一样要承受痛苦和磨难。可是，有些人走上了人生的巅峰，有些人却只能在底层颠沛流离。

我只想说，是你的退缩打败了你。

理想的生活真的很难吗？你所向往的生活真的遥不可及吗？不尽然。

理想的生活并不遥远，只看你敢不敢去拼一拼罢了。

时间将会给你最好的

在老家，我一直有一个非常惦念的人，她叫包子。

包子是我的高中闺蜜，那个时候去食堂吃饭总是三五成群，包子便是我的饭友，久而久之，我们便成了无话不谈的好友。

对于包子的境遇，我总会觉得很难过，她的前半生用现在的话讲，真的非常衰。

包子之所以叫包子，是因为长得矮胖，虽然是个女孩子，但是经常成为男生戏谑的对象。包子偶尔也会发脾气，觉得自己的尊严受到了侮辱，但是发脾气的后果只能是气自己，对那些戏弄嘲讽她的男生毫无作用。久而久之，她也就学会了自嘲，听而不闻，视而不见。

包子其实是个很有才华的姑娘。她喜欢看书，四大名著早已经看了好多遍，《格言》《读者》更是每期不落下，还有一些比较深奥的书籍，我已经忘记了叫什么名字，只知道别人完全看不进去，她却看得津津有味。因为喜欢看书，包子的文采很不错，曾经还编了一个剧本，在学校艺术节的时候组织我们几个人演了一个幽默音乐剧，大受欢迎。包子还喜欢唱歌，她的音色很好听，虽然没学过什么唱歌技巧，但唱的真心不赖。

如果包子长得高一点儿，脸蛋漂亮一点儿，也会穿一些漂亮衣服，而不是臃肿的校服，我敢保证很多人都会给她写情书，因为她的确是一个很有才华的姑娘。只可惜，包子是个小矮胖。她的文采再好顶多得到语文老师批的一个“优”，唱歌再好听也只有我们这些好朋友为她点赞，而更多的是来自男生的冷嘲热讽。

在学生时代，总会有那么一些人平时看着不怎么努力，每次考试都能名列前茅，这些就是我们所饮羡的天之骄子。而也会有那么一些人一直都很努力，却如何努力也没办法站在令人瞩目的位置。

包子就是后者。

包子一直都很努力，这一点身为她的好友，我是最有发言权的，只是她的成绩却丝毫不见起色，偶尔能进步好几名，却也仅仅是几名而已，和她背后的付出根本不成正比。

高考结束后，我和包子考得都不理想，我们同时选择了复读。

包子复读顶着很大的压力，因为家里人原本已经帮她安排好了一份工作，是她一再恳求希望家里人能再给她一次机会，这才可以去复读的。机会难得，所以，她比许多人更努力，压力也更大。

复读的那一年，包子脱发脱得很严重，一个小姑娘，眼睁睁地看着头顶那一块都能看见头皮了。我安慰包子，不要给自己太大压力，也曾劝她去医院看看，年纪轻轻脱发那么多别是什么大问题。

包子也去过医院，医生只说没什么大问题，要她注意休息，放松心态，不要给自己太大的压力。

可是，压力是说没有就能没有的吗？

那一年包子真的是拼了命地学习，也顾不上头发大把大把地掉，只求最后有一个好结果。

可天不遂人愿，第二次高考，包子又失利了。

这次考试，包子比上一次进步了一些，只是离本科的分数线还是差很远。分数出来的时候，我不在包子身边，不知道包子哭了没有，只是再见到她的时候，她微笑着说，我决定工作了。

对于她的这个决定，我感到十分难过，也十分诧异。

包子是个有理想有抱负的姑娘，她向往城市，也希望自己的才华能在城市里得到施展，得到认可。正是因为对城市的向往，对大学的向往，她才会苦苦哀求家里人进行了第二次高考。

我劝包子可以上一个专科院校，任何一个学校都会有实现梦想的机会的，到了大学里再继续努力。

包子摇了摇头，什么都没有说。

后来我从另外一位好友那里得知，包子的家里人已经给她找好了工作，而且在这之前也和她达成了一致，考不上立马去工作。

我开学的时候，包子已经在我们那里的汽车站开始工作了，穿着制服，有模有样。

包子工作一直很认真，任劳任怨，业余时间还上了电大，考了会计证。她的工作很稳定，业余时间也比较多，只是工资不高，于是有一个夏天，她就利用业余时间去一家火锅鸡的店做兼职。我放暑假回来，听她说起来，她说第一次干，没经验，手被烫了好几个泡。说这些话的时候，她仍旧是那个爱开玩笑的姑娘。

过了两年，包子的婚姻大事被提上了日程，这一提就是好几年。

找个对象真的是太难了，不是她看不上人家，就是人家看不上她。我和我另外一个好朋友发动了家里人帮包子介绍对象，结果都没成，要么就是成了一段时间，又散了。

用包子自嘲的话来说，半个县城的适龄青年，我都见了个遍了。

可是，哪怕真的见了个遍找到一个合适的也行啊，可偏偏就是找不到。

好在老天爷开眼，包子总算是找到了自己的真命天子，只是她的命运仍旧没有被改写。

包子的老公还有一个哥哥，两兄弟抓阄分家，一处新房，一处旧房，抓到新房子的人要给抓到旧房子的人五万元。包子的老公抓到了新房，所以包子还没有结婚身上就已经有了五万元的债务。

包子结婚的时候，婆家人给彩礼，因为她老公的哥哥先结婚有了先例，婆家人坚持不多给一分钱。包子说置办完家里的家具家电彩礼钱就花光了，厨房里的厨具之类的还是一个非常疼爱她的姑姑给置办的。

包子的工资不高，包子老公的工资也不高，想想还有那五万元的债务，我都替包子发愁。可包子仍旧很努力地生活，就像当年看不到任何希望，却仍旧很努力地学习一样。

后来因为怀孕生孩子，没办法去工作，包子就做起了微商代理，一边带孩子一边还要给客户去送货，生活很辛苦，她却乐此不疲，从未抱怨过。

后来因为有了各自的生活，我们的联系少了一些。

再一次知道她的近况，是今年过年的时候，包子给我打了一个电话。她兴奋地和我说，他们刚提了一辆雪铁龙的轿车，以后回娘家进县城方便多了。她还说她已经开始回去上班了，微商代理还在照做，一切都越来越好。

挂了电话，我久久回不过神儿来，心里说不出的开心和激动。

包子终于时来运转，苦尽甘来。

我不禁感叹：很多时候，我们总是在抱怨命运的不公，却忘了其实一切早有安排。

我也终于相信：老天爷从来不会辜负一个努力向上的人，哪怕时运再不济，只要肯踏实努力地去拼搏，去奋斗，最后都会有一个好的结局的。

所以，我们低头努力就好，时间自有安排。只要你肯努力，只要你还愿意相信，它终究会把最好的留给你。

记得这一生你是为自己而活

你有没有想过这个问题——你，是为了谁而活在这个世界上？为了父母，为了爱人，为了子女，还是为了你自己？我想我们都应该记住，这一生我们是为了自己而活着，只有自己过得好，才能让每一个爱着我们和我们爱着的人幸福快乐。为了自己，其实也是为了所有爱我们和我们所爱的人。

你是为了谁而活着

还记得在高中的时候，有一次值日，当时教室里只剩下我们小组的人在扫地。

我和一位小组成员争辩了一个问题：这辈子为了谁而活着？那位小组成员说自己是为了父母活着，我说我是为了自己。他笑我，你怎么这么自私？

后来，我们的争辩引起了大家的注意。于是，这场属于我们两个人的争辩变成了全小组人的讨论。

同学A说：我是为了父母活着。父母生我们养我们不容易，把全部的心血都给了我们，我们当然要为他们活着。

同学B说：我是为了我以后的孩子活着。你们看，就像咱们的父母一样，二十多岁生下我们，然后把下半辈子都给了我们，所以，我觉得等我有了孩子，也是为了孩子活着。

同学C说：我应该是为了我以后的爱人活着。你们想，这个世界上谁能陪我们过一辈子呢？说句不好听的，父母终究会有去世的那一天，而我们的子女也会在长大成年之后离开我们单独过日子，只有身边的爱人能陪我们一辈子。

我坚持认为人活着就是为了自己。可是，我的观点一出，差不多所有人都说，你这个人太自私。

为自己活着，这真的很自私吗？

我之前在儿童艺术中心工作的时候，认识了一位将近六十岁的老人家，她经常带着她的孙子来上课，然后在孙子上课时，就坐在外面的长椅上开始漫长的等待。

偶尔老人家也会过来和我说两句话，时间久了，也就熟了，我才了解到这位老人家的一些情况。

老人家有一儿一女，带着来上课的是她的孙子。她的女儿毕业之后在一家日企工作，后来被调去了日本总部，然后找了一个留学生女婿，两个人就在日本定居了。小两口在日本工作生活很不易，生了孩子之后，她和老伴儿便轮流去日本照顾外孙女，因为来回一趟很不容易，便以一年为期。这一年，她住在儿子家照顾孙子，老伴儿在日本照顾外孙女，一年之后，两个人交换。

老人家苦笑着说，已经不记得上一次和老伴儿一起吃饭是什么时候了。

我说，总这样下去也不行啊。

老人家笑了笑，没办法啊。女儿女婿在日本，没办法一边上班一边照顾孩子，找个保姆，开销太大了，两个人也供不起，再说了，找个保姆自己也不放心。

最后，老人家说他们快熬出头了，等外孙女再大一点儿上了小学，就不用他们老两口过去了。

后来，直到小孙子的课程结束了，我也没见过那位老人家，可能是到了轮换的日子，她去了日本，也可能她已经和老伴儿相聚，再也不用分开了。

之后，还有一位家长给我的印象比较深刻，因为我曾一度认为那是个不负责任的妈妈。

她每次带着自己的儿子来上课，都是没完没了地打电话，好像是在谈生意。说实话，我对她的印象很不好，因为她经常会来到前台找我，和我说，一会儿下了课，我没有回来，麻烦你让我儿子坐在这里等我。

尽管她每次都很有礼貌，可我对她的印象就是好不起来，并不是因为帮她照看儿子会增加我额外的工作，而是觉得这妈妈太不负责任。

她的儿子不过五岁，就真的放心把儿子放在这人来人往的地方吗？别的家长都是陪孩子来上课，她充其量是接送，这和保姆有什么区别呢？

有一次，她的手机好像没电了，来前台借充电器，结果我们的充电器她的手机都用不了，只好作罢。我暗笑，这次终于不用一直听着她打电话了。

她闲来无事，便和我们聊了起来。

我十分隐晦地和她说，如果实在太忙，又觉得请保姆不放心，可以让自己的父母或是公婆来接送孩子上课。

她淡淡地笑了，我的父母和公婆有自己的生活，我可以自己搞定的事情绝不麻烦他们。

这句话一出口，我不禁哑然。可能我误会她了，她也许不是一个负责任的妈妈，却绝对是一个负责任的女儿。

之前听她打电话，应该是个生意人，再看她浑身上下的名牌，家底定是很厚。可是和她聊天后，却发现她谈吐优雅，自然而从容，丝毫不做作。

因为她操着一口流利的普通话，我便问她是哪里人。她说自己老家是东北的，在这边上的大学，大学毕业之后留在这边工作、结婚、生子。

那一堂课，一共一小时二十分钟，我们就聊了一堂课的时间。

原来她和她的老公是白手起家，现在有了自己的事业，家庭幸福。她说，她和老公很早之前就达成共识，孩子一定要自己带，哪怕再忙再累，也不能劳烦家里的老人。当然，他们也会抽时间去看望双方的老人，因为去得频繁，她的生意自然也就需要从别的地方挤时间。

她坦言自己是个及时行乐的人，为儿子，为老公，为公婆，为爸妈，都十分舍得花钱。她还笑着说，别看我穿得好吃得好，可我们家没多少存款。

我笑她，干嘛不攒一点儿，将来留给儿子？

她说，攒，当然会攒，只不过是攒自己的养老钱。儿子将来也会有自己的生活，我能做的就是不拖累他，让他可以毫无顾忌地去生活。

她的观点就是为了自己而活着，不拖累任何人，过好自己的生活就够了。

很多人都觉得为自己活着的人太自私，可是那些为了父母，为了子女，为了爱人而活着的人就很无私和伟大吗？

那位每年都要和老伴儿分居来照看孙子和外孙女的老人家，她的子女如果能想到为了自己活着，就一定会努力过好自己的生活，不会把自己的快乐建立在父母长期分居的基础上。他们的思想里大概也是想着，父母是为自己而活着的，而自己又是为了自己的子女活着，所以这样的安排并没有什么不妥。

而那些一直嚷嚷着父母生我养我，我要为了父母活着的人，真的就让父母安心了吗？我认识的好几个朋友从小到大就听父母的话，父母让做什么就做什么，不让做什么就坚决不做，哪怕父母说的不对，他们也从来不会抱怨，认为这是应该的，这是孝顺。可结果，他们把自己的生活过得一团糟，父母明明已经退休了，可以安度晚年了，却还在为他们的生活和工作发愁。

为自己活着，为自己打拼，看上去很自私，看上去是为了自己，实际上是为了所有人。自己过得好，父母自然会安心，自己过得好，也不会给未来的子女添麻烦，难道这样很自私吗？

记住你是为了自己而活着，你要打拼自己的生活和事业，做一个让所有人都放心的人。

你听了父母的话，然后呢？

我和我的朋友们说，我从小就是个乖乖女，非常听话和懂事，听到这些的朋友们总是瞪大眼睛纷纷摇头，说，你可不像。

的确，我的确不像是一个乖乖女，因为我是个独立性很强的人，自己的事情都自己做主。中考复习的时候，永远都在按自己的节奏在走；高中文理科分班，我妈觉得我文科好，让我选文科，而我偏偏选择了理科；高考毕业填报志愿，我甚至一个字也没有和家里人商量就报考了自己想去的学校；大学里的诸多选择以及毕业的去向，我全部都是自己拿的主意。

可能是习惯了自己的事情自己做主，我非常不理解为什么有人遇到选择问题的时候一定要让父母拿主意。

有人说因为父母是过来人，他们会为自己指明正确的方向，少走弯路；有人说因为父母是父母，自己本应该听从父母的话；有人说因为生命是父母给的，生下来就应该听父母的话。

其实，对此，我并不完全赞同，也不完全反对。

我以前的高中同学维维，是我的同宿舍好友，高中毕业，我们去了不同的城市读大学。

大学毕业后，面对激烈竞争的环境和令人窒息的压力，维维的母亲说，你回来吧，在咱们这个小地方凭你的学历找个老师的工作多轻松，没什么压力，小日子也能过得红红火火。

维维觉得母亲说的很对，于是便选择了回老家，很轻松地就进入了一所私立学校做老师。

私立学校工资水平高一些，但是压力也同样大一些，毕竟对于私立学校而言，升学率就是一切，升学率的压力全部都给了老师。

后来，维维的母亲觉得私立学校压力大而且不稳定，还是考国立的老师吧。维维再一次听了母亲的话，开始准备教师的考试。比起一些民办教师，维维的优势不言而喻，所以，她几乎没怎么费力气便考上了，被分配到一所小学做老师。

大学毕业就这样轻轻松松地有了稳定了工作，全家人都为维维感到高兴。听到维维已经成为正式教师的消息，我们一些同学也很是羡慕。

后来有一次我偶然间和维维聊天，言谈间，维维充满了悔意。

我说，你现在多好，还有什么不知足的？

维维说，我后悔没有留在大城市里打拼一下，二十几岁就已经有种人生过到头儿的感觉了。

的确，她现在的日子很安逸，虽然工资少一点儿，可老家那种地方消费水平非常低，一个月基本上没什么开销。

维维还说，当初她考大学就是想要改变自己的命运，从农村迈向城市，可是没想到她为了安逸又回来了。

最后，她万分后悔地说了一句，你说年纪轻轻的，我当初为什么就非要逃避压力呢？

我还有一个朋友小昕，是我的大学同学，大学的时候谈了一个男朋友，是老家那边的。大学一毕业，两边的父母就催着他们结婚。

老人们的意思是，先成家后立业，结了婚，心里也踏实了，两个人再慢慢奋斗。

小昕当时正在热恋期，也没有多想便听了父母的话，成为了一个毕婚族。

结婚没多久，小昕准备找工作。小昕的父母又说了，着什么急找工作呢？先把孩子生了，趁着我们还年轻，能帮你带带孩子。

小昕的母亲甚至列举了一大串趁着年轻生孩子的好处，说对孩子好，对女人的身体也好，而且家里的老人可以帮着带孩子，完全不用小昕操心，况且等孩子断了奶，小昕就自由了，就可以后顾无忧地去找工作、去打拼、去奋斗了。

小昕再一次听从了父母的话，很快便怀孕生子。

可是，原本父母嘴里的自由生活却没有就此到来。

随着孩子断奶，家里的经济压力越来越大，孩子每月的奶粉、尿不湿、衣服、玩具都是不小的开销，一旦孩子生病又是一笔不小的支出。

将孩子交给父母和公婆带着，小昕开始出去找工作。可是由于一毕业就结婚生子，小昕足足耽误了两年多的时间，和同龄人比，她完全没有工作经验，这给她找工作带来极大的困难。好不容易找了一份工作，小昕原本以为可以踏踏实实工作了，却由于两年多一直待在家里，当初的冲劲儿早已经不在了，再加上有了孩子，心里总是放心不下，担心这个，担心那个。

随着孩子越来越大，家庭的经济压力也随之加大。

想要在事业上好好打拼，却又心有余而力不足。

和公婆住太挤，想买房子，却无疑是痴人说梦。

孩子、事业、房子，所有的压力统统袭来，压得小昕喘不过气来。

有一次同学聚会，两年多不见，同学们各个意气风发，大部分人的工作已经稳定下来，而小昕却感觉自己已经变成了市井大妈。

因为喝了一点儿酒，小昕不停地在抱怨，千万不要听父母的话，别太早结婚，更别太早生孩子，这苦谁吃谁知道。

小昕的话固然有一些偏激，仔细回味，却有一定的道理。

我忽然很想问一问那些听父母话的乖宝贝们，你们听了父母的话，然后呢？

父母经历了他们的一生，必定是积累了许多宝贵的经验，他们自然也是为了自己的子女好，才会不断言传身教，想要把自己这毕生积累的经验教训告诉自己的子女，让他们少走弯路。

但是，所有人都忽略了一点，这个世界上没有一个道理是放之四海而皆准的。换句话说，年代不同了，环境变化了，许多东西也就不是共通的了。

况且父母不是我们自己，他们并不知道我们想要什么样的生活。他们所经历的那个时代也并不是我们现在的时代。

当然，没有哪个父母会去害自己的孩子，只是说时代不同了，我们应该根据时代的特点，根据自己内心所想，去决定自己想要做什么，而不是一味听父母的话。

不要让父母的话去绑架你的思想，遇到做选择的时候，遇到该拼搏的时候，要记得多听听自己内心的想法。

相信我，父母的话并不是走向成功的捷径，当你自以为走了捷径的时候，殊不知却耽误了你的一生。

试试看，听自己的话

其实，在这个世界上每个人都是矛盾体，几乎所有的事情都有利弊。你选择了A，就不能选择B，你选择了B，自然也就与A无缘，无论你选择哪一个答案，你都要面对来自这个答案的利和弊。

我的朋友田甜经常和我打电话咨询问题，毕竟在拿不定主意的时候，找个人商量一下也是好的。

田甜在一家大企业上班，工作稳定，收入稳定，只不过她和老公离得太远了，他们基本上每个月才能见一次面，他的老公每次回来都需要坐上七八个小时的火车。

我经常会收到她的微信或者电话，控诉她的老公又和她吵架了，两个人只能通过电话来解决问题。可是，前提是首先得有一方给另一方打这个电话，一旦两个人都在气头上，谁也不愿意打电话，那这场吵架将会持续很久。

最后，田甜终于受不了了。她想要换工作，想要离老公近一点，最起码想见面的时候不需要考虑七八个小时的火车距离。

忽然有一天，田甜给我打电话，说她的工作有着落了，也是一家大企业，各方面都不错，她现在就等着企业人事部给她打电话呢。

我真为她感到高兴。如果这份工作落定了，她和老公的距离就可以缩短为一个小时，如果非要见面，辛苦一点儿，一天打个来回也是可以的。

可是事与愿违，田甜再一次给我打来电话，说那家企业的条件比较苛刻。她是三本院校，但凡是三本院校的到了他们那里都没有干部身份，升职之类的事情也会很艰难。

现在两条路摆在田甜的面前——

去那家企业，意味着可能一辈子都只能是工人身份，即便是有升职的机会，也会比较辛苦，但好处就是她和她的老公见面会容易一些，不用像之前那样一个月才有机会见一次。

如果不去，还在她原来的企业工作，以她的工龄可能过不久就能加薪，升职的话也是早晚的事情，只是还会像之前那样，忍受和老公的分别之苦。

田甜一时难以抉择。

她还和我说，家里人的意思是暂时先不要动自己的工作了，一个女孩子家不需要太拼命，工作稳定最重要。

可她自己有点儿不甘心。

这样的选择题即便是放在我面前，我也不知道如何选择，我就和她说，好好考虑一下，想想自己最想要的是什么。

又过了一段时间，田甜兴奋地给我打电话，说她已经在新单位报到了，对于新单位的一切都很喜欢，她还租了房子，和老公见面的次数也多了。

我问她为什么要这样选，难道不怕自己选了一条更为艰辛的路吗？

她有些沉默，和我坦白，她其实很早之前就和老公经常吵架，两个人甚至可以冷战好几天，谁也不理谁。她觉得最主要的问题就是两个人不常见面，这样下去，她的婚姻迟早不保。

她说，我是个很黏人的女人，我没办法一直过两地分居的日子，所以我宁肯将来辛苦一些去打拼自己的事业，也要换来一个和老公多相处的机会。

做出这个选择，是很艰难的，她的家人一直都在反对，原因很简单，家里人担心她一个女孩子在外面打拼太辛苦。

可做出选择之后，她说，我很快乐，前所未有的快乐。

我还有另外一个朋友——小蕾，她和田甜有着类似的问题，在一家企业里上班，工作十分稳定。

但是，小蕾并不喜欢自己的工作。

她原本也不是一个喜欢枯燥生活的人，每天面对无聊的工作，她说这种感觉就好像在混吃等死一样。

小蕾曾不止一次和我提起过，我好想辞职啊。

我也曾不止一次地劝告她，如果你过得实在痛苦，那就辞职吧，年纪轻轻的，还有的是机会。但每每都无济于事。

她也曾下定决心要辞职，但是，一旦她和别人说自己要辞职的时候，无论亲戚，还是朋友，抑或是她的老公都会给她一句，你有病吧？

在很多人眼里，小蕾是身在福中不知福的主儿，每天工作轻松，工作稳定，月末照常拿工资，而且升职的机会也摆在不远处。大家总是时不时点拨一下小蕾，你那么懒，也没啥特长，干啥啥都不行，能留在这家企业不错了，你去哪儿能找到这样的工作呢？

所以，每当她提起辞职，就会受到所有人的阻拦。

小蕾这个人的确不太勤快，也没有什么特殊的能力，但是谁不是从零开始的呢？所谓的能力，都不是与生俱来的，肯定是在不断的工作中学习得来的。如果想要改变现状，真的下定决心做自己喜欢的工作，过自己喜欢的生活，我觉得小蕾不是不可以。

小蕾再一次和我说辞职的时候，我有些不耐烦了，我说你辞了多少回了，最后也没辞，可见你压根不想辞职。

小蕾觉得自己很委屈，便和我吐苦水。她说每次想辞职的时候，都想好了很多的词语和句子，毕竟辞职是一件大事，她要和老公商量一下。可是，每次和老公把辞职这件事摆在桌面上说的时候，她的老公总能把她击退。

她说，我觉得我老公说的有道理，所以，每次都没辞成。

她不用和我说，我也能猜得出她老公会用什么话来劝告她。她老公说的对吗？对，也不对。她老公说的话必定是站在自己的角度上，小蕾觉得老公说得对，也是站在了那个角度上，她却从来没有站在自己的角度去想辞职这件事。

我已经不记得小蕾和我说过几次要辞职了，总之，她最后也没有辞职，依然在忍受她无聊的工作和生活。

你看，听和不听自己的话，产生了多么明显的效果。田甜听了自己的话，虽然不再有原来的好工作，却捍卫了婚姻，护住了自己的快乐；小蕾没听自己的话，虽然保住了自己的稳定工作，却掉进无聊的旋涡无法自救。

我们从小听得最多的一句话就是“听话”，听爸妈的话，听老师的话，却从来没有人和我们说，听自己的话。

当我们已经是成年人的时候，也是时候该听听自己的话了，毕竟人生是自己的，谁也不能为自己的人生买单。

试试看，当遇到需要选择的时候，不要慌张，也不要着急，你只需静下心来，听听自己内心的想法再做出选择，这样，哪怕错了也不会后悔，最起码尝试过了，也不会有遗憾了。

为了你想要的生活去拼一次

我是眼睁睁地看着自己的一位二十出头的好朋友，活成四五十岁大妈的模样的。

去靓靓的公司找她，因为临时来了几个应聘的人，她不得不多耽误一会儿，我就坐在办公室外面等她。

所有应聘的人都先进去，靓靓给他们开了一个简短的会议，然后便是一个一个进去面试。坐在我旁边的是一个二十出头的小伙子，看上去稚嫩得很，也就刚刚毕业或者还没有毕业。

他很有礼貌地问我，姐姐，刚刚那位面试官多大了，四十？

我一脸愕然地看着他，说不出话来。

他略显尴尬，随后便改了口，不好意思啊，我就是随便问问，可能也就三十岁吧。

我更是说不出话来了，靓靓明明只有二十多岁，刚刚跨过二十六岁的门槛，说奔三都有点儿早呢，竟然被人误以为已经四十岁了。

然后，我听见这些面试的人纷纷猜测靓靓的年龄，大部分人觉得她应该已经结婚生子，最起码也得三十岁往上了。

面试中途，靓靓出来了一下，她一脸疲惫地对我说，可能还要再耽误一会儿。

我说，没关系，你继续。

趁着说话的空隙，我偷偷打量了一下靓靓。可能因为相熟，我平时并未注意到她脸上和身上的老态，直到那一刻，我才深深地了解到我身边的少年们眼中的靓靓。

首先映入眼帘的便是靓靓发福的身材，屁股滚圆，腰很粗，大腿自然也不必说了。身材丰腴，选衣服自然不好选，但靓靓又偏爱大红大绿的鲜艳衣服，似乎她也意识到自己看上去比实际年龄大得多，因此总会选一些鲜艳的衣服，可是选来选去，更是显得她年龄大了。

再看靓靓的面容，皮肤很黑，还有一些斑点，黑眼圈更是严重，头发也永远都是一条不高不低的马尾，而且她从来都不化妆。

想起以前的靓靓虽然也身处微胖界，但绝对不是现在的样子。那个时候，她也算得上一个青春靓丽的小姑娘，不算太胖，身材匀称，看上去有点儿可爱。要知道以前的靓靓还是个文艺女青年呢，她不仅喜欢吹笛子，还弹得一手好钢琴，通过钢琴十级跟玩儿似的，但凡你能哼出的曲子，她都能弹出来。她还喜欢各种运动，羽毛球、网球、滑冰、滑雪那都是她的最爱。她还很喜欢旅行，大学期间每个假期都约朋友去旅行，每次都是满载而归。

看看现在，根本就是两个人了。

那天结束了面试，我和靓靓一起吃了晚饭，面试的小伙子说她四十岁的事情，我自然不会和她提起来，免得让她难过。便问她，最近过得怎么样。

靓靓叹了口气，说，你看我这个样子就知道我过得不怎么样了。

她说，以前公司是把女的当男的用，把男的当牲口用，现在变本加厉，把女的当牲口用，把男的当别人家的牲口用。

我笑她这比喻是不是太夸张了，她说你看我的样子还觉得夸张吗?

是啊，看她这身材体型，就知道肯定是长期坐在电脑桌前敲敲打打忙忙碌碌，加上没时间运动，所以才变得腰粗臀圆，皮肤黑且有斑。每天早出晚归，根本没时间化妆，休息日只想窝在家里睡大觉，所以连逛街买衣服的时间都没有，大部分的衣服都是从网上淘来的。

她说她偶尔去运动一次，这个偶尔可能是一个月，也可能是两个月，而且上一次旅行是大学的毕业旅行。家里的钢琴盖已经好久没打开了，她自嘲地说，可能都打不开了吧。

既然过得这么辛苦，那为什么不辞职呢?

这个问题我问过靓靓很多次，每一次她的答案都一样，辞职了去哪儿?

这家公司虽然很忙很累，但是是一家不大不小的集团公司，工作很稳定，从不会辞退谁。因为员工总会因为受不了太劳累的工作而辞职，每一年招过来的新员工，有一多半留不下，而留下的时间久了都会升职加薪，靓靓就是留下来的人。

在大学的时候，靓靓说过，她想开一家乐器店，每天弹弹琴，和同样喜欢乐器的人聊聊音乐，聊聊人生。她还说，如果开不了乐器店那就开一家户外用品店，反正她喜欢各种运动，这些东西也经常会买。

可现在靓靓却和我说，我当初说的话太梦幻了，一点儿都不现实。一家店如果经营不好必定倒闭，等要喝西北风了，我可能就会想念现在虽然忙得要死，但是也不至于饿肚子的生活了。

我小心翼翼地说，其实开店没有那么困难的，万事开头难，可只要有心没什么做不好的。

靓靓笑我，说，你还是活在你的小说世界里。

真的是这样吗?

我的一个朋友在工作了一年多之后觉得太无聊，不喜欢工作这种朝九晚五的体制，于是辞职下海了，开了一家自行车店，他是实体店和网店一起开的。开业的时候，还请我们这帮老同学帮他刷了刷信誉，当时我也没太当回事，帮他刷了一笔也就没再帮忙。

差不多过去一年半的时间，偶然间翻看自己淘宝的收藏夹，发现他的那家店已经有好几颗钻了。从同学那里知道，现在人们都送他一个“民营企业小老板”的称号，他的实体店开得也是红红火火。

虽然不知道这一年半的时间他是怎么过的，但其中的艰辛想必不言而喻。

他也说，虽然一开始很艰难，但总算是挺过来了，步入正轨之后，一切都得心应手。

所以，我才会对靓靓说开店真的没有那么困难。只是，靓靓不相信。

那天分开之后，靓靓仍旧过着她忙碌的生活，仍旧是没时间化妆，没时间逛街，没时间运动，她离她想要的生活越来越远，也可能这辈子都到达不了了。

我想说的是，如果我们没有勇气，没有时间，没有精力，去为我们自己想要的生活拼一次，那我们将会花费更多的勇气，更多的时间，更多的精力，去面对我们不想要的生活。

不是每个人都可以过上自己想要的生活，但你不拼一次，又怎么知道自己做不到呢？

如果你不希望自己的余生都是在抱怨自己的生活，那从现在开始，就去为自己想要的生活拼一次吧。

你为什么贫穷？

偶然间和老同学聊起来。这老同学可不是一般人，那可是当年叱咤校园的风云人物。从我的角度来看，他的撩妹技能能给一百分，上学的时候，女朋友以及暧昧的对象就多得数不胜数。

闲谈间，我问他老大不小了，也该稳定下来找个人结婚了。

他发来一个撇嘴的表情，说，谁会嫁给我呀？言语间透着几许无奈。

看到这句话，我一时间不知道该说什么，我甚至怀疑自己是不是听错了。要知道学生时代的他那可是什么都缺，唯独身边不缺妹子的。那个时候的他自信心爆棚，说全世界哪怕所有的男人都打光棍，他也绝对不会孤独一人。

最后，他感叹一句：现在的女人都太势力了，没钱没车，谁嫁啊？

他的话让我很不高兴，反驳了他几句，却没再说什么。

其实，对于他的话，我心里还是有些赞同的。现在的确有很多女孩子只看硬件不看软件，就我认识的小姑娘里，就有好几个白白净净漂漂亮亮正青春的，嫁给了三十多岁长得又黑又丑但有车有房的主儿。

好朋友纯华又去相亲了，我把她约出来打探了一下相亲的情况，她翻了一个白眼儿说，pass了，三十好几的人了，别说房子，连辆车都没有。

我不禁哑然。纯华的性子我是了解的，她从来不是势力的人，而是个风风火火的女汉子，为了爱情，赴汤蹈火在所不惜，又怎么会在房子和车子这等俗物上栽跟头呢？

我话里话外和她说，咱可要摆正了价值观。我还把那天那位老同学说的话和纯华讲了一遍，说现在的女孩子都这样，咱可不能也失了本心。

纯华却一脸无所谓，问我，你这个老同学也混得不怎么样吧？

我仔细想了想，好像的确是不太好，前段时间还看他在同学的群里借钱来着。

纯华打了一个响指说，这就对了，这样的人总把问题归结在女孩子身上，他怎么不想想，他自己为什么穷，为什么混得不怎么样呢？

我一脸茫然地看着纯华。

纯华接着说，你想想看，一个人无论在什么地方打拼，无论什么学历，什么能力，但凡踏实下来，努力工作，会混得不好吗？

听了她的话，我深以为然。

很多还在怨天尤人的人们，不妨想一想，自己为什么贫穷？

我们老家的村子里有一户人家真的是穷到了姥姥家，据我奶奶说他家祖上三代都穷得要命。

那个时候，村子里家家户户盖的新房，都在红砖外面贴一层瓷砖，看上去很好看。而那户人家住的却还是土坯房，每逢下雨的时候，外面下大雨，家里下小雨，时时刻刻都要担心房子会不会哪天被大风刮倒，被大雨冲倒。

这家的儿子威子终于无法忍受这种贫穷的日子了，开始想办法赚钱。他家一共五亩地，之前都是跟着村里人，种冬小麦，然后种玉米，一年收成两次，这也是他们家全部的收入来源。

威子二十出头，正当青年。他做出了一个出人意料的决定——种山药！

那个时候，村子里还没有人专门种山药，有的只是自己家里吃，种上一小点儿就够了。

村里人之所以不爱种山药，也是因为这东西太难打理，播种的时候就很费事，还要搭架，除虫，浇水就要浇好几次，等到成熟了开始在地里挖的时候更费劲。一根山药一米多，这就意味着要在地底下挖上一米甚至两米的距离才能挖出来，一不小心挖断了，价钱就大打折扣。

威子决定种山药后就开始着手准备了。山药成长的季节正是夏天，威子几乎天天泡在地里头，整个人晒得跟个煤球一样。

秋天成熟的时候，挖山药成了大问题。如果雇人来挖，那会大大加大成本，自己挖的话，这五亩地什么时候才能是个头啊？

威子最后还是决定亲自挖。挖山药这活儿，我爸在后来种山药火了之后干过，挖一天，两只胳膊两条腿就疼得不知道东西南北了，直着疼，弯着也疼，别提多难受了。可威子就真的一天天泡在地里头挖山药，五亩地生生地就自己挖完了。

那个时候，山药这东西还算是个稀罕物，价钱很高。威子这五亩地还真的赚到了钱，把搭架用的竹竿、山药秧子等各种成本刨去之后，还净赚了七八千元，这可比种小麦种玉米强多了。第二年，威子决定继续种，毕竟秧子自己有了，竹竿也买完了，成本上已经大大缩小了。

第二年，威子又种了一年，有了第一年的经验，第二年种的山药收成很好，净赚了几万元。

村里人见威子种山药发了财，也都纷纷加入了种山药的大军。

威子凭着自己的双手硬生生地改变了自己家穷了好几代人的命运，盖上了砖房，日子也越过越好了。

我们村还有一户人家也是穷得要命，他家最穷的时候甚至要靠亲戚接济才能过日子。有一回村里来了好项目，村长就找到他们家，说是种一种中草药，到时候会有人来收购，只管种就行，卖的时候不用发愁。

中草药是种了，但是他们家实在太懒了，种在地里就不怎么管了，收成自然不好。等到快要成熟的时候，他们家的人更是懒得到地里跑，结果本来就长得不好的草药，被人偷了不少，到最后连成本都没有收回来。

村里人都说，好好的一个项目就让他们给糟蹋了，他们家里穷也是活该。

村里如此，城市里也是如此。

都说现在在城市里扎根落脚不容易，能把自己的温饱解决了就是好事，可是，真的有那么难吗？

一个人哪怕没学历，没能力，哪怕什么都不会，只要有手有脚是个正常人，干点儿苦力活可以吧？就是在建筑工地搬砖，只要踏实肯出力气，一两年下来手头也能攒下不少钱。可关键就在于很多人有手有脚，可能还有学历，不笨不傻，就是不好好工作，每天好高骛远。总觉得这个年头不好混，自己又没有什么门路，家里也没有能帮得上忙的亲戚朋友，升职难，加薪难。最后，成为赤裸裸的月光族，连个对象都找不到，还说现在的女人都太势利。

纯华说，天资不高，学历不高，能力不高，可是，但凡他是个正常人，努力打拼，受苦受累干几年，哪怕没有车没有房，存折里也应该攒了一些钱。而那些混了几年，仍旧是两手空空的穷人，他们穷，他们活该。

这些话虽然说得有些刻薄，但我觉得很有道理。

是啊，有太多的人无门无路白手起家，过上了“比上不足，但比下有余”的日子，可也有太多的人年复一年，仍旧在最底层挣扎。

不得不说，有些人，的确活该。

你不坚强，谁来替你勇敢

如果可以选择懦弱，谁还会选择坚强呢？

只是选择了懦弱，也就选择了放弃人生，所以，很多时候，坚强才是唯一的选择。

妈妈从房顶上摔下来时，我还在上大学，爸爸工作也不稳定，那段时间，是我们家最艰难的一段岁月。

因为上学，我半年才回一次家，所以对家里的情况并不了解。那一年，我回家，我妈一直不停地叹气。

她说，家里实在没钱了，原本打算连肉都不买了，但是转头想想，谁家过年不买点儿肉呢，又觉得我半年才回一次家，所以咬了咬牙买了几斤肉。她和爸爸谁都没有买新衣服，过年那一天，里里外外只有一双袜子是新买的。

我们对村里人的势利早已经司空见惯，你好的时候，无数的人来和你套近乎，而你不好的时候，所有的人都对你敬而远之。

直到大年初一走在大街上，像往常那样和亲戚朋友打招呼，得到的回报全都是白眼儿，我才深刻地意识到，我们家过得有多差劲。我甚至都不敢想，在平日里，爸妈又是遭受了怎样的白眼儿和冷落。

这种种现状，在我大学毕业之后不断有新书出版，爸爸外出打工比较稳定，妈妈有了一份工资不高却较稳定的工作，弟弟去当兵之后得到了改善。尤其是在我们家盖了新房之后，一切都和以前截然不同。

走过那段最灰暗的岁月，和我妈聊起来，她不禁泪眼婆娑。

她和我说，我也不瞒你，那段时间，我连死的心都有，可后来想想，家家有本难念的经，你觉得自己难，可谁又容易呢？

我妈很庆幸自己挺过来了，坚强地挺过来了，而且现在的日子越过越好，也没有什么好操心的了。

我很喜欢我妈说的这句话，你觉得自己难，可谁又容易呢？

是啊，这个世界上谁过得容易呢？谁不会遇到艰难险阻呢？但都须在绝处逢生时，坚强地，勇敢地，活在这个世界上。

我的小学同学娜娜和我一起上的高中，她从小就属于资质平庸那一类的学生，虽然学习很刻苦，很努力，但是学习成绩顶多算是中等水平。

众所周知，高中是一个拼努力的阶段，或许你天资聪颖，可不努力同样拿不到好成绩，更何况资质平平的人呢？于是，娜娜很努力很拼命地在学习，学习成绩也在不断提高。

虽然我们上了高中之后联系不多，但是，每一次看着成绩榜上她的名字，我都能想起她努力刻苦学习的模样来。

村子里的女孩子都很向往上大学，因为那是改变命运唯一的机会。从娜娜如此拼命地学习上可以看出，她比任何人都向往大学。

可是，天有不测风云。

一天晚上，娜娜的妈妈突发脑溢血，送去医院好不容易才抢救了过来，却一直昏迷，迷迷糊糊地说胡话。后来总算是醒了过来，却又痴痴傻傻，更因抢救不及时，留下了后遗症，只能瘫倒在床上。

娜娜的姥姥家离得比较远，家里也没有什么亲人了，娜娜的奶奶这边也没有人能帮忙照顾，再说这一次住院花费不少，娜娜的爸爸还要忙着工作赚钱，而娜娜的弟弟还小。

谁来照顾妈妈?

不得以娜娜选择了休学。虽然已经是十七岁的女孩子，可毕竟从小也是爸爸疼妈妈爱，没做过什么家务，如今却要给完全认不出自己是谁的妈妈做饭喂饭，擦屎擦尿，承担起一个家庭的责任。

一个十七岁的女孩子，花一样的年华，如果不是家庭突遭变故，她应该会像其他女同学一样，讨论哪本杂志好看，讨论哪本英文词典最实用，讨论哪所大学最好，讨论哪个专业更好就业。可是，她却只能一个人躲在家里，面对一个连自己都认不出的妈妈，伺候着她吃喝拉撒睡。

如果老天爷能够垂怜娜娜，应该让她的妈妈赶快康复起来，可是，老天并未大发慈悲。娜娜的妈妈反复去了好几次医院，医生都无能为力，毕竟发病的时候耽误了最佳的治疗时机，后期只能是提高她的生活质量。

听到医生这么说，娜娜选择了辍学。因为学校不可能让她一直休学下去，而她的妈妈即便是慢慢好转，也不可能再像正常人那样了，身边离不开人照料。

放弃了大学梦，娜娜之前所有的努力都将前功尽弃，所有的心血都将付诸流水。那种感觉，我想不亚于在一场长跑中，你拼尽全力好不容易冲到了前几名，马上就要撞线的时候，却突然被评委拦住，你犯规了，成绩无效。

后来，我开始备战高考，每个月才回一次家。高考结束之后，向我妈询问娜娜家的情况，我妈说还是老样子。

我叹了一口气，说，但愿以后嫁个好人家吧。

我妈却说，拉倒吧，有一个那样的妈，怎么嫁？难不成带着自己的妈一块儿嫁出去？

我心里“咯噔”一下，是啊，她的妈妈长期瘫痪在床上，连人都认不出来，叫娜娜如何嫁人呢？即便是有人愿意娶，可娜娜嫁人了，她妈妈又怎么办呢？

后来好像是我大学毕业那一年，听说娜娜结婚了。娜娜比我大，我毕业那一年，她已经二十四了。在村子里女孩子结婚都比较早，大部分都是一满法定结婚年龄就结婚的，娜娜那个时候出嫁已经算是很晚的了。

而娜娜之所以能出嫁，还得益于村子里的女孩子太少了。因为重男轻女的影响，男孩多女孩少，加上许多女孩都出去上大学没回来，也就导致村子里的女孩子少之又少，很多男孩都娶不上媳妇。更重要的是，娜娜的妈妈那个时候意识已经清楚了，基本上生活可以自理。

结婚那天，据说娘俩抱着哭了好久。

我敬佩娜娜的坚强。我甚至试想，如果换作是我，我可能未必会有这样的魄力去承担一个家庭的重担。

但事到临头，你不坚强，谁来替你勇敢呢？这个世界上，终究没有人会为你扛下所有的一切，注定有些事情是需要你自己承担的。

逃避吗？怎么逃？能逃得了一时，还能逃得了一辈子？

所以，来到这个世界，就做一个坚强的自己，耐得住寂寞，忍得了冷落，扛得了痛苦，斗得过困难。你终会发现，好好地活在这个世界上真没什么难的。

别为别人哭，先为自己笑

我有一位朋友沫沫当真是“多愁善感”的典范人物。

有一次回老家，听村子里人说谁谁谁家的老人瘫痪在床没有人照顾，她跑去看，结果看见黢黑的老房子里，一个奄奄一息的老人在艰难地啃着馒头。那老人的确可怜，膝下三个儿子两个女儿，竟沦落到无人赡养的地步。

回来之后，沫沫和我说起来，那是一把鼻涕一把泪的，难过得好像这老人是她的亲人一样。她一边拿纸巾擦着眼泪，一边咒骂着老人那不孝顺的子女。

沫沫说，她无能为力，也就给老人端去了一些热乎的饭菜，放下了几百元钱，因为一直是邻居在照顾老人，她就把钱给了邻居，让邻居多费费心。

在这之后的很长一段时间里，沫沫的嘴边时常挂着那位可怜的老人。一开始，我们这些人听着也是觉得这老人很可怜，听得我们心里也不好受。但是，随着沫沫说的次数多了，大家多多少少都有一些反感，而沫沫始终都是一提起就眼泛泪光。

还有一次和沫沫出去逛街，大街上看见一老一小在乞讨，那个孩子光着上半身，骨瘦如柴，那老人躺在地上，盖得严严实实。地上还歪歪扭扭地写着许多字，沫沫站在那里仔仔细细把那些字看完后，眼泪又哗啦哗啦地掉下来了。

她说这一老一小太可怜了，孩子的爸妈都是外出打工的人，出了车祸去世，肇事司机还跑了，丢下这一老一小，小孩子已经三天没吃过饱饭了，只求好心人能够给个回家的路费，他们好回家。

沫沫从钱包里掏出了一百元钱放进了小孩子面前的破碗里，小孩子还给沫沫磕了一个头，说，大姐姐，好人有好报。

后来，我硬是把沫沫拉走了。沫沫瞪我，说，你能不能有点儿同情心？我和沫沫说，这种事情满大街都是，编的故事都是大同小异。沫沫不相信，于是，我就豁出去，这街也不逛了，躲在别的地方和沫沫一起等着。

快天黑的时候，那老人从地上爬起来，把碗里的钱都收走了，然后拉着小孩子去吃了一顿拉面。紧接着，两个人躲在暗处，那老人从包里掏出脏兮兮的纱布，上面还带着已经干涸的血迹，然后把小孩子的腿绑了个结结实实。

一老一小换了一个地方，这次换小孩子躺下，老人跪在地上开始乞讨。地上的文字也重新换过了，说是小孩子无父无母，被车撞了，没钱看病，求好心人行行好，给孩子讨个医药费。

沫沫非常生气，怒气冲冲地离开了。

我以为经过这次事件之后，沫沫能收起自己的眼泪，改掉自己悲天悯人的性格，可结果她还是和以前一样习惯性地哭天抹泪。

今天谁家的女儿不受重视经常挨打，明天谁家的老人没人赡养可怜地饿肚子，后天谁家出了车祸生了病没钱去医院……

每次听到这种事情，沫沫的眼泪就如同开闸放水一样。

有一次，沫沫又开始为别人掉眼泪，我问她，你总为别人掉眼泪，怎么不见别人同情你呢？

其实，我只是一时气话。沫沫身上又没有什么悲惨的故事发生，甚至还过着比上不足比下有余的生活，并不需要别人的同情。况且沫沫每月的工资两三千，又和家人住在一起，不需要交房租，也不需要为吃饭发愁，两三千元她一个人花足够了，虽然她也没有什么存款。

我的另外一位朋友小宛，和沫沫的情况恰好相反。

有一次和小宛出去，路上同样遇见了乞讨的人，小宛看都没看一眼，径直走了过去。我觉得很奇怪，一般人不都会驻足观察一下，判断是不是值得自己帮一把再走吗？

吃饭的时候，我和小宛说起了这件事，小宛的态度十分坚决。

她说，如果是真的，我会觉得乞讨的人很可怜，可是我又没有能力去帮助人家，心里就会更加难过，如果是假的，白白浪费自己的时间，索性看也不看。

我和她说起沫沫的事情，小宛摇摇头说，你这朋友有病，病得不轻。

我疑惑不解。或许沫沫的确太过于悲天悯人，但也不至于说她有病吧。

小宛解释道：穷则独善其身，达则兼济天下，最悲哀的一种人莫过于自己穷还心系天下，帮不上忙不说，自己还空悲伤一场。如果真的心系天下，喜欢乐于助人，那就让自己强大起来啊！

我恍然大悟，觉得她的话确实很有道理。

穷则独善其身，达则兼济天下。一个人如果穷，那就过好自己的日子，尽可能地做到不要给别人添麻烦。一个人如果发达了，那就尽自己的能力去帮助别人，让别人也能幸福。

如此说来，沫沫这一类人还真的是最悲哀的。

他们明明只能是“独善其身”的人，却偏偏想着“兼济天下”，天天为别人哭哭啼啼，悲天悯人，多愁善感，结果自己帮不上别人什么忙，还惹得自己每天都生活在悲伤的气氛里。就像小宛说的，如果真的心系天下，那就让自己强大起来啊，因为只有强大起来，才可以帮助更多的人，才不会见到可怜的人却束手无策。

总是为别人哭，眼泪可以为他们治病吗？眼泪可以为他们筹集路费吗？眼泪可以改变他们的现状吗？很显然，眼泪不能。

这个世界上之所以有那么多让我们无能为力的事情，不是因为这个世界如何如何，而是因为我们自己不够强大。

想要改变这个事实，那就必须让自己强大起来。

别为别人哭，先为自己笑。当你为自己感到骄傲和自豪的时候，也就是你有了成就的那一天。

等你有了成就，有了能力，再去为别人分忧解难吧。因为当你一无所有的时候，你的眼泪只是加重你自己的悲伤而已，对人对己都毫无益处。

不要在别人的嘴里生活

同学聚会的时候，我的同班同学小米遭到了很多的“冷嘲热讽”。

一开始还没有正式吃饭的时候，大家买来了许多零食边吃边聊，一位男同学递过来一盒鸡米花。

小米连连摇头说不吃。

这位男同学脸上的表情很是不屑，直接甩了一句：你也减肥啊？减什么减？够瘦了！

这句话让许多在座的女同学坐不住了，你一言我一语地便讨论起来了。

“小米呀小米，你每天都去跑步，要么就去健身房。你已经够瘦了，还减什么肥啊，让我们这些微胖界的人怎么活啊？”

“小米，减肥容易得厌食症的啊，你可小心一点儿。”

“小米，你快增增肥吧，你再减就真的没人了。”

小米只是笑而不语。

我没有说话，而是上下打量了一下小米。她真的很瘦吗？其实，并没有，只是一般瘦而已，因为身材比较匀称，加上可能会穿衣服，所以显得比较苗条罢了。

吃饭的时候，我和小米紧挨着，吃完饭大家都三五成群地聊起来，我也便和小米打开了话匣子。

小米和我说，其实她从来没有想过要减肥，只是有一次有幸成为了一个心脑血管疾病实验组的受试者，她的检测结果是血管已经有轻微阻塞。当时实验组的成员就建议她少吃油脂较高的食物，另外要多进行运动，因为在这个年纪就已经有轻微阻塞实在不是什么好事情，如果不加以控制，未来就会成为心脑血管疾病的高发人群。

小米回想自己虽然不胖，但饮食习惯的确不好，特别喜欢吃油炸的东西，而且基本上也不运动。为了自己的健康，她决定戒掉油炸食品，并且坚持运动。

我恍然大悟，怪不得同学递给她鸡米花她不吃呢，怪不得朋友圈里她经常晒自己运动的照片。

我问她，你干嘛不解释一下呢？

这一下同学聚会都快成了她的批判大会了，眼瞅着她在同学们心目中的形象就是一个本来就不胖却玩命减肥的神经病了。

她微微一笑，我为什么要解释？

我一时哑然。她接着说，我干嘛要活在别人的嘴里呢？

其实，很多时候，我也遇到过同样的状况。

我之前每天都坚持跑步，主要是因为想提高自己的免疫力。结果被人撞见，直接就问，减下去没有啊？减了多少斤？好像跑步这件事和健康无关，和减肥才有关。下次再见到，会听到更直接的话，你天天跑步，怎么不见你瘦呢？

不喜欢听到这类的话，我偶尔会躲着人去跑步。

还记得有一段时间非常流行多肉植物。其实我很小的时候就喜欢养植物了，养多肉植物也有一段时间了，恰好那段时间很多人在微博和朋友圈里晒自己养的植物，我就也晒了晒。于是便有人说，哎呀，你怎么也开始学人家这种文艺范儿了呢？好玩儿吗？

我当时很想解释，其实我很早就开始养了，并不是和谁学，是因为自己喜欢，后来觉得解释也是白解释，索性再也不敢晒自己养的植物。

听了小米的话，我忽然茅塞顿开，对呀，我们干嘛要活在别人的嘴里呢？

别人说我们跑步是为减肥，那就说呗，反正他说他的，我们跑我们的；别人说我们养植物是在装文青，那就说呗，他说他的，我照样养我的。

我们是活在自己的世界，而不是活在别人的嘴里。

在老家，有一个村子从很久之前就有一个鱼竿厂，生意很一般。随着人们的生活越来越好，钓鱼就成了许多人的一项兴趣爱好，尤其是一些有钱人，在渔具上不惜花费重金。

这个时候淘宝在村子里还属于未知的事物，村里一个叫虎子的年轻人把县城里一个月两千多元的工作辞了，抱着一台电脑回了家。

在那样一个小县城里，每月拿着两千多元的工资，那是很多老百姓都无比羡慕的生活。虎子说辞职就辞职了，村里人都说虎子是不是疯了？就连虎子的爹知道他辞职之后，也是一个大嘴巴子抽了过去。

可是，辞职了就是辞职了，虎子挨了一个耳光后仍旧没有去上班，而是整天泡在家里，对着电脑。

村里人都劝虎子的爸妈说，还是劝劝虎子吧，天天在家里能有什么出息呢？甚至有人说虎子是不是中邪了，要不要请大仙儿过来看看。虎子的爸妈听了只是不住地叹气。

原本虎子因为有一份不错的工作而成了村子里年轻人的榜样，结果他辞职在家还每天对着电脑，村里人对虎子的评价越来越低，都说他是鬼迷心窍，也有人说他是玩游戏上了瘾。

虎子的爸妈甚至觉得没脸见人，有时候在大街上看到人都躲着走。

这样的日子持续了一年多。

有一天虎子出了门，天黑的时候开了一辆小轿车回来，虎子的爸妈当场就吓傻了。等虎子把五万元钱交到爸妈手上的时候，虎子的妈妈甚至大哭起来。

“虎子啊，咱可不能做违法犯罪的事情啊！”

虎子笑了笑，这才把自己这一年多“不务正业”的实情告诉了爸妈，原来他开了一家淘宝店，专门卖鱼竿。因为这在国内算是刚刚兴起来的，买到专业的渔具并不是一件简单的事情，他就去村里的那家老鱼竿厂学习，还和那家鱼竿厂达成了协议。

这一年多，因为那家老鱼竿厂生产的鱼竿质量过硬，加上他自己的知识全面，给了顾客不少贴心的指导，他的生意越来越好。他现在每天就能卖出一百多根鱼竿，每月的纯收益已经到了几万元。由于一个人实在忙不过来，他已经有了下一步的计划，开始招人做自己的客服，等到淘宝店的生意再好一些的时候，他甚至准备进材料开始生产自己的鱼竿。

不务正业的臭小子一夜之间便成了成功的典范，村子里不少人开始学着他的样子，开始开淘宝店卖鱼竿。

现在那个村子已经发展成为了有名的淘宝村，家家户户从事的都是和鱼竿相关的产业，现在在淘宝上随便一搜“鱼竿”两个字，出来的大多都是那个地方的鱼竿。

倘若虎子从一开始别人说他不务正业的时候，就放弃了自己的想法，可能就没有这个淘宝鱼竿村了吧？

我们走的是自己的路，过的是自己的生活，而嘴巴长在别人身上，何必在意别人说你什么，何必在意别人怎么看你？如果有想法，那就去做，哪怕在别人眼里你是个疯子。

为自己拼一次，因为我们终将老去

我们身边并不缺少老人，我们也可以预知自己未来的老年生活，既然知道自己终将会老去，你为什么还不抓紧现在的每一秒钟去让这一生过得精彩呢？去拼吧，没有理由。如果必须给一个理由，那应该是为了不在以后后悔，应该是因为我们总会老去吧。

时间是最公平的

我是去年决定考驾照的，因为搬了新家，对周边不是很了解，便在我们小区的业主群里询问哪家驾校更好一些。

业主群里也有不少人准备考驾照，大家便七嘴八舌地讨论起来了。

有人说某个地方的驾校收费只要三千五百元，车接车送，只是路途远一点儿，去一趟可能要一个小时的时间。

有人说离我们小区半个小时路程的一家驾校四千元，也是车接车送，就是考试等的时间比较长，可能到最后拿到证要半年。

还有人说小区楼下就有一家驾校，下证快，学得好的学员可能两个月就拿到驾照了，只是价钱贵，四千五百元。

我在网上了解了一下，无论哪家驾校，学习的时间都是一定的，因为这是规定，学不到一定的课时是不允许考试的。之所以有的驾校拿证快，有的驾校拿证慢，一方面是因为有的驾校人比较多，而考试是有名额限制的，另一方面是因为有些教练水平较低，以至于让学员在规定课时内没办法通过考试，也就导致后面报名的学员只能干等着。

思来想去，我选择了楼下那家，即价钱最贵的。别的业主们选择了组团去那家比较远的驾校，三千五百元的确很便宜。

小区的业主们都劝我说，楼下这家最不划算，比便宜的地方都贵了一千元了，你选个稍微远一点儿的都能省下五百元。

我当时也没有说什么。

我的许多同学和朋友都在学车，大家都会讨论你的学费多少钱，你的教练好不好，你哪门科目多少分之类的。当我和大家说我的学费四千五的时候，大家都非常诧异，他们的一致反映是：好贵啊。

说到最后，连我自己都觉得好贵。我开始气馁，自己是不是选错了，也许去一个稍远一点儿的地方便可以省下五百元，甚至一千元。

但是都已经报名了，现在退也来不及，只好硬着头皮去学。

因为科目二挂科了，我最后拿到证时距离报名已经三个多月了。教练说，算中等水平吧，最好的一次全通过，报名到拿证两个来月。

那个时候正值夏天，天天顶着大日头练车，我整个人都被晒黑了一圈，能拿到证实在不易。于是驾照一到手，兴奋之下，我便忍不住在小区的业主群里晒了晒。

没想到，当初和我一起考驾照，并选择了稍远的驾校或者更远的驾校的小区业主们，他们只有一个人拿到了驾照。而那个唯一拿到驾照的人是请了半个月的假专心练车，这才通过的。

看见我拿到了驾照，剩下的人叫苦不迭。

“为了练车我都请了三次假了，再请假老板都要把我开除了。”

“一休息我就去练车，一去练车这一天就什么都干不了了。”

“我们驾校人太多，每次去一个小时，等轮到自己还得一个小时，太耽误工夫了。”

……

看到这些，我没有说话，因为实在不忍心。

我练车，什么事情都没有耽误，因为练车的地点就在小区附近，科目二的练习地点两分钟就能走到，科目三的练习地点，走过去也只不过十分钟。

每天早上我基本上都是第一个到的，练的时间也能比别人稍微长一点儿。练完车回家写稿子或是做些别的事情一点儿都不耽误，有几次练完车后还和闺蜜逛了个街，和不练车的时候相比，好像并没有什么区别。

因为离家近，有时候遇见别的学员有急事，我就让给别人先练，大家都觉得我这人还不错，和我关系都很好，拿到驾照之后，还交了几个不错的朋友。

后来我私底下打听了一下，我那所驾校的教练的父亲原本就是那个驾校的教练，那家驾校已经开了二十多年了。教练的教学方式非常独特，通过率非常高，从来不会遇到前面的学员一直占着名额，让后面学员一直等着的情况。因此，拿证要比其他地方快，收费也就高一些。

我分析了一下，小区的业主们犯了一个错误，那就是用钱去衡量价值。实际上用时间来衡量价值才是最恰当的，因为时间是这个世界上最公平的东西。

表面上看他们的确是节省了不少的钱，但是，因为路途遥远，一来一回就要耽误至少一个多小时的时间，在那里等着练车，又要花费不少的时间，这些时间其实可以做很多别的事情。再说，练过车的人都知道，集中练车的效率最高，间隔的时间越长，学得越慢，从报名到拿证，如果不请假特意练车的话，可能半年到一年的时间都是说不好的。

而那位特意请了半个月的假来练车的人，证是拿得比较快，可是半个月的工资早已经超过了当初省下的那一千元钱。

仔细算来，哪一个更划算呢？

时间对于我们每个人来说都是公平的，每天给你二十四个小时，就绝不会给别人多一个小时，每个小时给别人六十分钟，也绝不会给你少一分钟。

每个人拥有的时间是相同的，然而生活境遇却千差万别。同样的朝九晚六，有的人已经在这个社会的上游徘徊，有的人却始终在下游挣扎。

之所以会出现这么大的差距，原因就在于你不会利用时间。

同样的五分钟，你可以选择打一个盹儿，也可以选择背两个英文单词，一切都在于你的选择。

随着年龄的增长，我们应该学会考虑，如何用最短的时间创造更多的价值。只有目光短浅的人才会把价值盯在金钱的多少上，而成熟又有远大目标的人会用时间去衡量价值。

如果你想走在成为一个更好的自己的路上，那就不要让这世界上最公平的东西——时间抛弃你。

不遗余力去爱和生活

记得一个暑假在老家，每天清晨都能呼吸着清新的空气，沐浴着和煦的阳光。我便和我妈说我想每天早晨去跑步，我妈说，你快省省吧，你要闲得没事在家里多睡会儿。

记得上大学的时候，偶然间看见一个同学拿了一块绘图板，我便和同学说我想买块绘图板学画画。同学说，你快省省吧，你要觉得闲得没事钱多没处花就请我们出去吃饭好了。

记得搬新家以后，我忽然萌生出学跳舞的想法，其实很久之前就想学跳舞，只可惜没条件。我和左先生说，要不我去学跳舞吧，左先生说，你快省省吧，你要闲得没事每天把地板擦一遍。

每当你想要做一件事的时候，每当你想要让自己平淡的生活多一点儿色彩的时候，每当你想要趁着年轻多折腾一下的时候，总会有人说，你省省吧。

好像大部分人习惯了一种生活之后，就不愿意去打破常规对现在的生活再进行创造了，哪怕这生活并不完美。

可是，省省吧，省省吧，我们要省到什么时候呢？

省到白发苍苍的时候，拎个菜篮子都哆哆嗦嗦，才想起我年轻的时候想要养只狗，结果已经牵不动狗了；省到五六十岁的时候，出个门都需要小心谨慎，才想起我年轻的时候想出去旅行来着，结果现在出趟远门还要带着救心丸；省到四五十岁的时候，上有老下有小压力倍增，才想起我年轻的时候想多赚点儿钱来着，结果现在再怎么努力也挣不了多少。

到最后才发现一直省来省去的力量、激情、兴趣，全都变成了遗憾，终身的遗憾。

湘湘是我见过的最用力生活的一个女孩子。

湘湘的家庭条件还不错，父母是工薪阶层，勤勤恳恳一辈子，家里也小有积蓄，从小湘湘就没吃过什么苦，在父母的呵护中长大。

记得湘湘开始改变是在一个暑假回来之后，她整个人都好像脱胎换骨了一样。

她开始玩命减肥。

湘湘的身材的确是偏胖的，而且她似乎是易胖体质，即便是比别人吃得少，也仍旧是长肉长得比别人多。为了减肥，她甚至断食，戒掉了自己最爱吃的红烧肉和泡芙。而且之前五一、端午这样的小长假，湘湘都是窝在宿舍里边吃零食边看韩剧，每天睡到自然醒。

但自那个暑假之后，她彻底变了个样。一到小长假，她要么找一份兼职，要么就是约上朋友去旅行。

湘湘也开始养植物，她家里阳台上的那些花花草草无一不是出自她手。就拿最易上手的多肉植物来说吧，都说多肉植物是懒人植物，可真正入门才会知道，哪怕是多肉植物也需要用心呵护，你稍一犯懒，它们立马就会给你反馈。而湘湘家的多肉植物，无一不被呵护备至，更不用说别的难侍弄的植物了。

毕业以后，所有人都以为湘湘会回老家的，毕竟在老家，父母完全可以帮她安排一份稳定的工作，再过几年结婚生子，一辈子便可以安安稳稳、无忧无虑。可是，出乎所有人的意料，湘湘去了北京。

在这个人才济济的城市里，湘湘的专业几乎没有任何优势。

可她说，我就是喜欢北京，我就是要在这里工作和生活。

毕业一年多，湘湘的工作稳定下来了，虽然薪水不算高，但是养活一个小姑娘没什么问题，可能还会有所剩余。可那一年，湘湘又开了一家淘宝店。所有人都说，湘湘，你又不缺钱，干嘛要这么折腾啊？

湘湘笑笑，她总是自嘲似的说，我闲的。

湘湘的淘宝店主要经营潮流韩式女装，一开始是由厂家给她发图片，她只需要上传然后等着买家和她联系就行了。做了一段时间，她发现有些衣服真的不怎么样，连她自己都不喜欢，又如何说服顾客去买呢，她便亲自去了一趟厂家那里，亲自选货，亲自搭配，甚至还找人帮自己拍摄搭配图片。

差不多半年多的时间，湘湘的淘宝店便步入了正轨，虽然盈利不多，可蚊子腿不也是肉嘛。

现在，湘湘仍旧没有消停下来。她把工作辞掉了，开始专心经营自己的淘宝店，只不过偶尔会在她的店铺里看见“店主出去旅行了，自行下单”这样的留言。

她的多肉植物也仍旧在种，在她租住的小房子里，放眼望去，满满的绿色，偶尔有重复的，她就同城交易卖给别人。

她还经常出去旅行，虽不会走太长时间。最近湘湘去了一次台湾，她说，国内的景点差不多走了一遍了，等淘宝店的盈利再多一些，就准备出国走走了。

本来闲暇的时间就不多，湘湘还报了一个瑜伽班，最近见健美操的班级似乎不错，也急忙报了名。如今的她虽然身材还是有一些微胖，却越来越健康了。前段时间，学习的彩妆课程刚刚结束，她说自己总算是掌握了女人必备的技能。

一天二十四个小时，她除了睡觉吃饭一直都在忙。她说，我每天睁开眼睛就有事情做，恨不得一天有四十八个小时。

所有人都不明白，为什么要把自己搞得那么累呢?

累?湘湘可不这样觉得。她说，我过得很充实，很快乐。

我问她为什么一个暑假回来，她就从一个把“生命在于静止”奉为人生格言的人变成了一个勤快努力的姑娘呢?

湘湘说，因为她的爸爸给她讲了自己的故事。

湘湘的爸爸年轻的时候有一份稳定的工作，薪水不高不低，生活绰绰有余，他觉得很满足。有一次公司想要引进一个新项目，要求几个职工去进行培训和学习。

湘湘的爸爸和妈妈商量了一下，两个人都觉得现在就这样生活挺好的，没必要再折腾了，再说了，新的项目也不一定能成，何必冒这个险呢?于是就没有去。结果，她爸爸的一个同事去了，培训了一年，回来之后升职加薪，又因为新项目发展不错，直接成立了一个分公司，这位同事便直接调到新公司成为了总经理，生活一下子发生了翻天覆地的变化。

湘湘的爸爸说，这是他这辈子最后悔的一件事。当时公司十分器重他，希望他可以去培训，可他却放弃了，否则那个成为新公司总经理的人就是他，那个公司配了专属座驾的人就是他，那个干了几年就买了别墅的人就是他。

湘湘的爸爸还说，他这辈子有太多的机会去实现一个又一个的小梦想，却因为没有抓住机会而追悔莫及。

他想养一条大型犬，可家里太小，也因为一条名犬的开销太大，一直没敢养；他想带着家人去欧洲游玩，可手里的钱应对普通生活还可以，去一趟欧洲实在奢侈；他还想买一套大一点儿的房子，这样就可以把湘湘的爷爷奶奶接过来一起住，可手头实在不够宽绰……

最后，湘湘的爸爸说，孩子，这辈子一定不要做让自己后悔的事情，不要有所谓的保存力量，想做就去做。

人生几十年，说长不长，说短不短，不遗余力去爱和生活吧，别等到真的没有力气和精力的时候才去后悔。

我们剩余的时间真的不多了

前段时间在朋友圈里看见一个朋友发了一条状态。他说，这辈子最后悔的事情就是前半生过得太安逸。

这位朋友一年前买房、结婚，据说现在老婆也怀孕了。

在我们这些人眼里，他从来都是衣食无忧，好像永远都没有烦恼。

备战高考的时候，他一直都是想玩就玩的状态，最后的成绩可想而知，可家里人还是拿出积攒多年的积蓄让他上了一所三本院校。大学毕业之后，他也丝毫没有为工作的事情发愁，家里人早为他安排妥当。就连结婚，也是家里人给他付了首付，办了婚礼。

他的前半生的确过得毫不费力，让我们这些疲于奔命的人羡慕不已。

可是，当他完发这条状态的时候，我看到下面有人评论说让他好好照顾家里的母亲，便问他发生了什么事。

他对我也没有隐瞒，只是说他妈妈病了，是癌症，正躺在医院里。他说，家里人给他买房结婚把家里的积蓄差不多花光了，现在正在筹钱治病。

对于他我还是比较了解的，正因为衣食无忧，他花钱向来大手大脚，虽然有工作，可有时候还是会向家里伸手要钱。他的母亲一向能干，家里的大事小事全都是他的母亲撑着，他的母亲病了，就相当于他们家的顶梁柱倒了。

看到他的状态，我也能体会到他此刻的心情。

因为那种无助感，我也曾深深地体会过。

那是我高三备战高考的时候，我清楚地记得，那一天是我的生日，恰好学校要放假。我的高中是寄宿学校，一个月才放一次假，这是唯一一次可以回家过生日。

然而，当我打电话给家里的时候，我爸却告诉我说我妈从房顶上摔下来了，现在正在医院里。

我急急忙忙去了医院，看见我妈躺在病床上，一时间不知所措。

在我们那个地方，大部分人都是靠种地为生，有一些人做生意，只有很少一部分人会出去工作。

我爸和我妈都是属于喜欢安逸的人，他们平时并没有积攒下多少积蓄。我从小到大的印象中，我妈一直是一个家庭主妇，偶尔才会出去工作，也就是在我高中的时候，因为家里开销大了一些，她才会跟着别人去找份工作，不过这工作也是季节性的，过了季就无事可做了。

我爸也是如此，他之前有一份高薪的工作，也可能是因为那个时候我们家的开销不大，生活上没有什么压力，做了一段时间之后，因为各种原因便辞职了。

我妈那一次粉碎性骨折前前后后住院手术花费了两万多，在腿里植入了两块钢板、十三根钢钉，即便是手术之后回家，也离不开人的照顾，而我又要上大学，家里的压力忽然变得无限大。

还记得，临上大学之前，我妈拄着拐杖带着我去借钱，那个时候我甚至有种念头，要么就不上学了吧？悔恨自己没有再长几岁，可以分担家里人的压力。

所以，一入学我就办理了助学贷款。

这一次，我们家长达三年的时间一直处于穷人的状态。你如果问我穷到什么样的地步，我会告诉你，穷到没有钱过年，别说买新衣服了，就连肉都舍不得买。

我妈能够生活自理之后，我爸就出去打工了。偏偏我姥爷在那个时候又去世了。

葬礼上，我守着我妈，姐妹四个，我妈是哭得最伤心的那一个。她觉得自己没用，没有钱，没能让我姥爷安度晚年，甚至还因为自己摔伤让两个老人一直操心。

我妈的腿还没有完全康复，她就托人找了一份轻松的工作，一边锻炼一边上班去了。

我弟弟的年龄越来越大，在我们村里，像我弟弟一般大的男孩子，差不多都开始找地方盖房子了，可想而知，那段时间我们家的压力有多大。

但是这个世界上，只要肯努力，多多少少都会有回报的。

我爸爸常年在外打工，赚了一些钱，我妈妈的工作虽然赚不多，可也足够支撑家里的吃穿用度，再加上我们家的十亩田地，每年也能有点儿收成，日子也就过得越来越好了。

还清了家里的债务，爸妈又开始攒钱盖新房。

大学毕业之后的第二年，我们全家终于住进了新房子里。

我和我妈说，要不然就把工作辞了吧，把家里的几亩地种起来，不愁吃不愁喝就算了。

我妈说，那可不行。

我问她，怎么不行，现在家里房子也盖了，也花不了多少钱了。

我妈脸上闪过一丝苦涩的笑，趁着年轻再多干两年，以后想干可能都没机会了。

我没有继续说下去，细算自从我妈从房顶上摔下来，家里一贫如洗的这几年，她的确经历了许多的事情。

偶尔，我会和我妈提起那段日子，她总是会说悔恨当初活得太安逸了。

她还说，觉得特别对不住我，如果他们能够早一点儿知道去努力生活，可能我的大学就不会过得那么辛苦。

我想，我妈现在之所以这样努力打拼生活，可能是真的不希望家里像之前那样重蹈覆辙了吧。

我想，她肯定也无数次幻想过如果他们从一开始就努力工作攒下积蓄，也不至于因为一次意外便让全家都陷入了恐慌的境地。

我想，我们剩下的时间也真的不多了。现在不去打拼，还要等到什么时候呢？

等到结婚，肩上又多了一个人甚至是一个家庭的责任；再等两年，孩子出生了，又肩负起抚育后代的责任；再过几年，父母年纪大了，又要肩负起照顾父母的责任。

责任的增大，就意味着付出的增加，就意味着打拼时间的减少。想想，你还能够拼几年呢？

不要等到孩子出生买不起奶粉的时候，才想起自己要努力打拼生活；不要等到父母生病住不起医院的时候，才想起自己要努力打拼生活；不要等到，自己有太多的事情要做而做不了的时候，才想起自己要努力打拼生活。

从这一刻开始去拼，为了成就更好的自己，为了成就更好的生活。

你不拼命，谁为你卖命

去年春节回老家，家里人都在玩扑克，平时大家都很忙，也只有春节期间能够好好地玩上几天。那几天大家每天饭后就都聚在一起玩扑克牌，玩到饭点了才散伙回家做饭。

黑子算是我们家的一个远房亲戚吧，刚三十出头，玩扑克牌每叫必到。

过了初六，很多人又都开始了一年的忙碌，一般公司也好，工厂也好，大部分都是初六抑或是初八便开始营业。

初七那天，大家原本以为凑不齐人手了，却没想到黑子照来不误。期间，有人问黑子，都过了初六了，你不忙着去赚钱吗？黑子笑了笑回答说，钱哪有能赚完的。一个出了名彪悍的大妈酸溜溜地说了一句，人家哪用得着自己拼命啊，不知道有多少人上赶着为他卖命赚钱呢。

大家觉得大妈的话说得太难听，都没说话，很快便转移了话题。

后来一打听我才知道，黑子这两年混得很好。他办了一个养殖场开始养狐狸，一开始很艰难，不得要领，总是赔钱，据说他手上还落下好几块伤疤，就是喂狐狸的时候不小心被咬到的。后来，黑子摸着了窍门，慢慢地有了经验，养的狐狸又肥又好，再加上市场不错，这才开始慢慢赚钱。这两年黑子的确赚了不少钱，也扩大了经营，他一个人忙不过来，便雇了一些人手帮他。现在的他空闲时间很多，如果他愿意的话，基本上不需要他亲自再动手了。

我忽然很不理解那位嫉妒心很强的大妈，即便是现在很多人给黑子卖命赚钱，那也是人家当初拼命拼来的。

一个人从来没有努力过，躺在沙发上吆喝一声就有人前呼后拥跑过来给他卖命赚钱，这可能吗？想要有人为自己卖命，前提是你首先拼过命，只有你一手建立起属于自己的事业，属于自己的信誉，这才会有人来为你工作。

我的意思并不是说要让每个人都成为老板，让许多人来为自己卖命赚钱。而是说，所有的事情都是有一个前提条件的。因为黑子曾经很努力很拼命地经营自己的事业，所以才会有人为他工作，没有努力这个前提，后者当然无法成立。

天下从没有免费的午餐，如果你不拼命，谁会为你卖命？

我认识的一位朋友和我说起她的一个表弟——子轩，那可真的是个典型的啃老族。

子轩的爸爸是个包工头，手底下有二十多个人，因为年轻的时候摸爬滚打积累了不少的人脉，所以经常能承包一些不错的工程，一家人的日子过得很不错。

子轩上的是一所专科院校，毕了业也没找工作，如今都二十五六岁了，却从来不知道上班赚钱是什么滋味。只是偶尔在爸爸的工地上需要人手时，他才跟着忙几天，大部分时候都是在家里闲着吃喝玩乐。

到了适婚年龄，子轩的爸爸托人给子轩介绍了一位女朋友，两个人发展得还挺快，情投意合，也就到了谈婚论嫁。为了不让人瞧不起儿子，子轩的爸爸给小两口全款买了一套房子，还配了一辆车，这些已经花光了老两口半辈子攒的钱，可子轩爸爸仍然咬着牙给小两口办了一个体面的婚礼。

结了婚，子轩的爸爸想着给儿子找个工作，或者让儿子把自己手里的事业接过去。可谁想到子轩的老婆怀孕了，子轩便以照顾老婆为由，拒绝出去工作，甚至以前还会去工程上帮帮忙，这下一次都没去过。

子轩的老婆从怀孕到分娩，再到坐月子，一切费用开销全部都是老两口来承担。老两口想着总不能一直这样下去吧，便到处托人给他们介绍工作，可子轩的老婆却说孩子太小，不愿意离开孩子。一直到孩子一周岁的时候，两个人仍旧是在家里耗着，每天都守着孩子过。

孩子买衣服、买玩具的钱？找爷爷要。小两口逛街、旅行的钱？还找爷爷要。一切开销全在老人身上。

子轩的爸爸经常说，你也这么大了，也该自己挣钱了，我能养你几十年，我还能养你一辈子吗？每当听到这样的话，子轩就没好气地说，你不就是不想给我们钱花了吗？以后别给了，我们自己挣。可话刚说完，一遇到事情，子轩照样还是找老两口要钱花。

后来，因为大环境不景气，竞争力也太大，子轩爸爸有半年的时间都接不到任何工程，家里的日子日益紧张。祸不单行，好不容易找上门来一个工程，却又因为太过心急，结果被人骗走了十万，这下一大家子的日子变得更难了。

直到经历了这场变故，子轩才真正意识到没有人可以为他卖一辈子的命，他这才开始找工作上班，努力赚钱。

如果你有愿意为你卖命的父母，那是你的福气。可是，想想看，父母能为你卖一辈子的命吗？就像子轩的父母那样，为儿子操劳卖命了二十多年，即便是没有遇到行业不景气，也没有遇到被骗事件，总有一天，他们会老去，会再也赚不到钱。到时候，子轩能依靠的除了自己还能有谁？

对现在的你而言，可能还有可以依赖的人，也许是父母，也许是朋友。只是任何的依赖和依靠都不可能是永久的。因此，在你拥有依靠的时候，也要居安思危，也要去打拼自己的事业，让自己强大起来。即便是哪天这些依靠全都不在了，你也有资本可以存活下去。

记住，这个世界上，你唯一可以依靠一辈子的人，不是父母，不是爱人，更不是你未来的子女，而是你自己，也只能是你自己。

别再妄想有谁来为你卖命。你的生活、你的世界、你的人生，所有你想要的，全都要靠你自己去拼命。

任何的努力都是值得的

似乎每个人的一生里总会遇见那么几个爱唱歌的朋友。

如果没有遇到文文，我想我的高中同学依依应该是我遇到过的最喜欢唱歌，也是唱歌最好的人。

依依的音色很好听，很柔，很美，唱女声的歌，令人沉醉，唱男声的歌，别有一番滋味。依依几乎可以唱所有的流行歌曲，每首歌，只要你叫得上名字，她都能哼唱几句。

依依有一个歌词本子，厚厚的一大本，里面有她喜欢的各种歌曲的歌词。当时那个歌词本几乎是我们全班同学的最爱，时不时就会被人借走，因为那是一本非常齐全的歌词本，你几乎可以从中找到每一首你喜欢的歌曲。

依依喜欢唱歌，喜欢到了如痴如醉的地步。下课的时候趴在阳台上唱，午休的时候去草坪上唱，晚自习的时候也会偷跑出去到一个没人的角落里唱，甚至有时候在英语课或者语文课的时候，她会趁着大家朗诵的时候哼唱两句。

每个人在学生时代总会怀揣着许多梦想，可在我们那个小县城里，想要实现一个人的音乐梦想，那怎么可能呢？

于是，所有人都说，依依，你一定要考上大学，你一定要去大城市里上大学，在那里你才能完成你的音乐梦想。

因为有许多人的支持，依依总是会坚定地点点头。

那个时候，超级女声的旋风在学校里每年都会刮一次。可是，我们只能停留在电视机前看一看的状态。依依也很喜欢超级女声，她说如果有一天她上了大学，一定要去参加一次，说不定真的可以实现自己的音乐梦想。

我一直都相信，一个人只要有特别喜欢的东西，就一定会去追寻的，哪怕千山万水，哪怕海枯石烂。

后来，我们都考上了大学，去了不同的城市。

我想，依依的音乐梦想应该已经开始了吧。

大学里，我遇见了文文。和依依相比，文文对音乐的喜爱真的是有过之而无不及。

虽然名字叫文文，可比起依依的内敛，文文简直就是豪放派。在宿舍里，你随时都能听到她的歌声：上厕所的时候在唱，洗衣服的时候在唱，躺在宿舍的床上还在唱。你说在宿舍唱也就罢了，就连在澡堂里，当着那么多人的面，认识的，不认识的，她都可以肆无忌惮地一展歌喉。

有人会翻她一个白眼，有人会私下里念叨她是神经病，可她毫不在意。她就是要唱歌，因为她喜欢，她就会去做。

有一年超级女声又开始海选了。一连几天都没有看到文文的人，稍一打听才知道，她去报名参加海选了。

第一次去了沈阳赛区，文文失落落地回来了。没选上。

可过了两天，文文的状态又回来了，失落过后的她满是兴奋和刺激。她兴奋地讲起第一次参加海选的感受，她说第一次见到那么多人，第一次在评委面前唱歌，第一次和那么多喜欢唱歌的人在一起，整颗心就像过山车一样，一会儿紧张，一会儿激动，说不出的刺激。

隔了几天，当成都赛区开始报名的时候，文文又带上简单的行李和自己的全部生活费只身一人去了成都。

这一次，她仍旧是无功而返。

文文的生活费没有了，加上海选也快要结束了，她便没有再继续下去。

很多人都说文文简直是个疯子，还真的以为自己唱得多好多么了不起，自不量力地去参加什么海选，还不是白白浪费时间，浪费金钱，浪费精力吗?

可我却正是因为她义无反顾地参加了两次海选才真正喜欢上这个女孩子的。

追求自己的梦想有什么错呢？有些人甚至连梦都不敢做一个。

尽管失败了，文文并没有受到打击，她仍旧是那个爱唱歌的女孩子，甚至买了一把吉他开始自弹自唱。

文文参加完超级女声之后，我在QQ上和依依聊天时谈起这件事。

依依急切地问我，她选上了?

我说没有，可能是因为竞争太大了。

我劝依依去试一试，依依却说，我才不会白费功夫了，反正也选不上。

不试一试又怎么知道选不上呢？我总觉得依依应该去试一试，毕竟喜欢唱歌那么久，不试一试又怎么知道自己不行呢？

依依最后算是妥协了，说她考虑一下。

然后，就再也没有动静。

后来，高中同学聚会，再一次见到了依依，她和当年似乎没什么两样。

我问她去参加海选了没有，她白了我一眼说，我才不会做那种无用功呢，你看看参加超级女声的那么多人，有几个最后出名的？

最后，她还煞有其事地总结了一句：明知道是无用功还去做的人，不是傻子是什么？

不少同学觉得她说的有道理，我心里却很不是滋味。

都说努力了不一定有回报，但不努力就一定不会有回报。这句话，也对，也不对。

努力了不一定会有回报吗？我却觉得努力了就一定会有回报，只是这回报不一定是自己想得到的那个结果罢了。

我曾经和文文交谈过。她说其实从一开始她就知道自己是选不上的，她很了解自己的水平，最后被选上的都是有基础的人，而非她样的门外汉。她说，之所以还要去参加，只是给自己一点点希望罢了，哪怕失败了对于她的人生而言也是一个极好的经历。

文文参加了两次海选，单单是路费就花了不少钱，没有被选上，难道就是竹篮打水一场空吗？

当然不是。她得到的东西远远用钱买不到，那就是她以后都可能不会再有的人生体验，还有追逐梦想的决心和勇气。

依依和文文的音乐梦都没有了，那么她们未来的路是否又一样呢？

现在依依在一家小厂子里工作，具体什么工作我不太清楚。总之，从她的叙述里可以知道每月工资不高，工作也不累，她也觉得够吃够喝就够了。

而文文呢，现在人在北京，在一家逐渐红火起来的公司工作，标准的白领，正在朝着更高的目标奋斗和努力。

所以，在我看来，任何的努力都是值得的，哪怕你明知道结果很糟糕却又不遗余力地去努力，都会让你收获很多很多。

在我们还可以努力的年龄，就拼命奋斗吧。即使失败了，你也不是在做无用功，因为只有努力，才会有希望；因为只有努力，你才会成为更好的自己。

不满现在的生活，那就去创造

小满是我的高中同学，我们高中三年没怎么说过话，然而就在快毕业的时候，忽然长谈了一次，小满便把我当成了好朋友，颇有点相见恨晚的意味。

然而，直到现在我仍旧后悔和她在毕业前夕的那一次长谈。

高考结束后，因为分数不够，小满被自己喜欢的新闻专业调剂到了对外汉语专业。

一开始，大家还没有拿到录取通知书的时候就想，只要能有大学上就是万幸。小满也是如此。虽然被调剂，但幸运的是没有被退档，所以小满也没有发什么老骚，便开始了对大学的向往。

可是，进入大学之后，小满却开始对大学感到失望。

那段时间，小满和我的聊天记录满屏都是“无聊”“烦透了”“想睡觉”“无事可做”之类的话。

直到有一天，小满兴致勃勃地和我说，我要转专业！

原来小满从学姐那里得知学校里是允许转专业的，只要和两个专业的负责人打好招呼，并通过转专业的考试。小满还说，去年有一个学姐就转了专业，几乎没怎么费力，据说考试内容也很简单。

我当时长舒了一口气，总算是可以看到除了“无聊”之外的话题了。我说了好多鼓励的话，让她好好准备考试，去了想去的新闻专业，肯定就会好起来的。

小满当时也是自信满满。

可隔了一段时间，小满又开始和我聊天了，仍然是满屏的抱怨。

我问她转专业的事情怎么样了，她直接来了一句，我想了想，还是不要转专业了，太麻烦了，要办理各种繁琐的手续。

看到这样的话，我不知道该说些什么。

大三的时候，小满的抱怨又来了。

她问我，你说我这个专业没什么前途，我要不要考个证什么的，比如说导游证、会计证、教师资格证之类的?

那个时候我身边的很多人也都在考各种各样的证，基本上都是为了考证而考证，大家的想法也很一致，无非是在未来的职场上给自己多加一份筹码罢了。

我说，你如果真的想给自己将来找工作增加筹码，那就踏实下来，学点儿别的技能。

她连声称是，还说自己专业有一个学姐学了一门小语种，和他们的专业相搭配，最后去了一家外企，现在薪水过万。

仔细琢磨了一下，她和我说，我就学韩语吧，好学一点儿，而且现在比较火。

我再一次对她的决定表示支持，她也信誓旦旦地表示自己不会半途而废的。

隔了一段时间，我迷上了一部韩剧，想起小满学韩语的事情，就想请她教自己几句韩语。

没想到她支支吾吾地和我说，本来是报了班的，但是上了几节课觉得实在没意思，我就退了学费，没去学。

对于她的做法，我再一次觉得很无语。

大学四年里，我断断续续总能收到她的消息，不是抱怨自己男朋友不体贴，就是抱怨自己生活太无聊。

后来毕了业，因为各自忙着工作，也就联系少了。

据说小满去了一家不大不小的私企，成为了一个文员，每个月的工作很轻松，很多时间都在和自己周边的同事聊天。不过，这也意味着工资不高，她每月扣除各种保险公积金之后也就只有两千出头的工资。

一个小姑娘在外地，要租房子要买化妆品买衣服，还要吃饭，两千出头的工资仅勉勉强强可以维持自己的生活而已。

毕业差不多一年的时间，小满再一次给我发来消息，说了一句，我想辞职。

我问她干得好好的，为什么要辞职。

她说，你不觉得我的工作太无聊了吗？一个月两千多，到月底的时候我基本上就花光了，一分钱都剩不下，去年老家要盖房子，我硬是什么忙都帮不上。

我给她仔细分析了一下现在的情况，想要挣得多，那就去做销售。各行各业的销售员，时间久了，积攒了经验，都是高薪人员，只是刚开始肯定是很苦很累的。如果想比现在挣得多，又不想太辛苦，那就先不要辞职，先积累工作经验，业余时间找个学习班学习点儿什么技能，哪怕把自己的英语水平提高一截将来也是就业的筹码。

她说我分析得很对，于是，决定走第二条路，暂不辞职，先学习点儿技能，等有了筹码再做打算。

最后，她还说，我这个人没什么出息，只要这辈子吃穿不愁，能有点儿小积蓄，不用像现在这样买什么东西都要把小数点计算到几毛就行。

在这之后，和小满再一次有联系，是我要结婚的时候，我给她打了一个电话。

中间便聊了起来，我问她现在在哪里工作，小满表示很疑惑，还在之前的地方啊，我没换工作。

听到她这么说，我愣了一下，就问她不是说想找一份工资高的工作吗?

小满说，哦，我想起来了，我好像和你说过，本来是那么打算的，但最后也没有想好到底能学点儿什么，就这样吧。

结婚过后，小满又开始和我联系了，说的话无非都是“生活无聊”“生活无趣”之类的。

一次，听她抱怨完自己的上司之后，我默默地把她拉黑了。

这些抱怨的话，我真的不想再听了，因为总感觉自己就像是一个垃圾桶，却怎么也装不完小满的坏情绪。

不满现在的生活，那就去创造啊，一味地抱怨又有什么意义呢?

小满，总让我想起高中时班主任常挂在嘴边的话：语言上的巨人，行动上的矮子。

只会说，不会做。只会抱怨，却从不行动。

仔细翻看我们的聊天记录，从大学到毕业再到工作，她无数次在抱怨，也无数次想要改变，却总是说说而已，结果不了了之。

我也无数次鼓励她，支持她，希望她能够通过自己的努力去创造属于自己的生活，可结果仍旧是无休止的抱怨。

我想如果小满从第一次抱怨之后，便付诸行动去改变自己的生活，可能结果就会大不一样了。

所以，当你不满现在的生活，那就去创造吧。

因为，生活给你的只有两个选择：要么拼命，要么认命。是拼命创造属于自己的生活，还是认命向现在的生活低头折腰呢？这是你的未来，你自己选吧！

想到了，那就去做

我是上大一的时候才开始接触淘宝的，那个时候淘宝还没有像现在这样火，没有“双十一”“双十二”这样的活动，开淘宝店的人也并不多。

我的大学同学毛毛很想开一家淘宝店，她平时就喜欢在淘宝上看衣服看鞋子看首饰，没事的时候，能坐在电脑前逛好几个小时的淘宝。

一个偶然的契机，她想要开一家淘宝店，卖什么呢？就卖衣服！她说女孩子逛淘宝无非就是买衣服，而且她可以给自己的衣服做模特。毛毛身材不错，脸蛋也还可以，化个妆做个平面模特肯定不是大问题。她还说，就算衣服卖不出去，也可以自己穿，或者低价卖给同学或亲朋。

这样算来，好像开这样一家淘宝店怎么样都不会亏本，最差的结果也无非是廉价处理罢了。

我们这些同学就说，那你就开吧。

可是，有了大家的支持，她又打了退堂鼓。现在的机会是不错，可是，还是觉得有点儿风险。最后，毛毛同学憨笑着说，我再等等看。

这一等，等到大家都把这件事给忘了。

有一次学校开大会的时候，大家搬着小板凳坐在操场上，大会还没开始，底下的小会层出不穷。隔壁班一位女同学凑过来问毛毛，毛毛，你的淘宝店开了吗？

当初毛毛咋咋呼呼要开淘宝店，搞得好多人都知道，所以有人忽然来问一点儿也不稀奇。

毛毛有点儿不好意思，挠挠头说，正在筹备。

那位女同学显得很兴奋，说，你快点儿开吧，我有一位同学半年前开了一家淘宝店卖衣服，一开始也是卖不出去，后来慢慢地好起来，现在每个月能净收益三四千元钱，偶尔好的时候，一天就能赚三四百元呢。

三四千元在那个时候对一个大学生而言，已经是一个不小的数字，和那些靠着淘宝店白手起家成为百万千万富翁的人自然没办法比，但一个月三四千足以维持一个大学生在大学里的一切费用。

毛毛听到这些话的时候，那叫一个悔恨啊，如果当初她也能把淘宝店的事情落实下来，可能现在每月收入三四千的人就是她了！

痛定思痛之后，毛毛决定立即着手开自己的淘宝店，她回到宿舍后就立即进行了开店申请。

毛毛一边申请开店，一边开始四处寻找开店的一些注意事项、培训课程之类的东西。结果，她看到了一篇对淘宝开店形势分析的文章。

这两年开淘宝店的人数剧增，随着许多人在淘宝挖到了第一桶金，越来越多的人投到了淘宝的大军中。这篇文章分析称，现在的淘宝已经趋近于饱和，现在再开店，已经没有什么竞争力了，好的会越来越好，差的会越来越差。

看罢，毛毛再一次打了退堂鼓，一边悔恨之前刚有想法的时候没开店，一边思索现在到底要不要开店。

那段时间，毛毛像是祥林嫂一样，逢人便问一样的话，哎，你说，我到底要不要开淘宝店啊？

和她熟一点儿的人会说，你要是开了，以后买衣服都找你了。和她半生不熟的人会说，想开就开吧。

这种事情，终究不会有人给她一个确切的答案。

晚上毛毛坐在自己的床铺上逛淘宝，一边逛一边叹气。她说，你们看真是今非昔比了，以前搜个东西，出来不了多少页，再看现在，随随便便搜个东西都有一百页，光是旗舰店的就一大堆，数都数不过来。

我们听毛毛的意思，这是又打了退堂鼓了。

果不其然，第二天，毛毛就说淘宝店不开了。理由是现在开店已经晚了，左右是个死，就不去白费力气了。

就这样，毛毛的淘宝店还没开张，就已经被扼杀在了摇篮里。

可是，没过多久，吃午饭回来，接到了大学生创业中心的传单，原来是大学生创业中心几个学生联手开了一家淘宝店，卖牛仔裤的，希望同学们能多多支持。

毛毛当时拿了传单，回宿舍便说，看着吧，现在入淘宝，还搞得这么大的阵仗，早晚赔得血本无归。

可能是因为不甘心，毛毛一直关注着大学生创业中心这几个同学的店铺。一开始，这家店铺的确火了几天，那是因为在学校里做了宣传，同学们纷纷都去捧场了。过了这几天，生意便开始无比惨淡。

毛毛心里很高兴，不时地和我们说，你们看吧，我当初不入坑是对的，他们早晚得关张大吉。

可结果，大四那一年，毛毛有一天逛淘宝，貌似是清理自己的收藏夹，那几个大学生创业中心的同学开的淘宝店就冒出来了，点进去一看，竟然已经是皇钻店铺了！

毛毛揉了好几次眼睛，结果发现就是那家店铺，没有错！

据说一开始这家店铺的生意的确不好，但是随着各个促销活动的进行，加上进货渠道稳定，牛仔裤的质量有保证，生意是越做越火。据说大学生创业中心那几个小伙子现在干劲十足，正准备毕业之后扩大经营呢。

毛毛得知这个事实之后，气得差点儿吐血！她本以为淘宝店已经饱和了，再入坑，那就要栽进去了，可结果大学生创业中心的这几个同学不但没栽进去，还杀出了一条血路，成功地入驻淘宝店，并且还做得风生水起。

她怎么能不心塞呢？

毛毛说，她这辈子最后悔的一件事，就是当初想要开淘宝店的时候，一直犹豫，以至于没能开成。

想想我们这一生里，有多少次是因为想要“再等一等”“再看看情况”“过段时间再说”而错过了许多绝佳的机会呢？

想到了，那就去做，不要管其他的事情，今天去做，总比明天去做要好。

我们这一生很短暂，等一等，可能就等了一辈子。想要拼搏，那就不要等待了，不要等到机会已经错过，才去追悔莫及。

如果不想让自己这一生在遗憾中度过，从这一刻，想到什么，那就去做吧。

拼一次，没有任何理由

我上高中的时候，认识一个转校生。直到现在我也没有搞清楚，操着一口普通话的他为什么会转学到我们那个小县城里去。

那个转校生从不学习，转学过来没几天就和班里的男生混熟了，整天打打闹闹，玩玩笑笑。班主任对他很不满，好几次都想把他劝退，可他就是不退学，也不转学，就是在我们那所学校厮混。

我们当时的位置离得很近，时间久了，关系处得也还不错。

有一次，他和几个同学去别的班打了架，被教导主任逮个正着，被叫了家长。这个时候才知道，原来他来自一个离异家庭，别看是城里来的孩子，但是家庭条件很不好，只是他不肯把这一切暴露出来。毕竟青春期的男孩子都有一种莫名的自尊。

打架事件之后，学校给了他处分，并警告他如果再犯错，直接开除。可是，他仍旧不老实。

那天晚上，他从隔壁班借来了一本和汉语字典差不多厚的小说，一整个晚自习都在“埋头苦读”。

我实在看不过眼了，便和他说，哎，你好好学习行不行？

他头也没抬，扔给我一句，你给我一个理由。

我当时哑然，理由吗？我自己都不知道，怎么给他呢？于是，我低头继续做自己的作业。

直到现在，我仍然记得他那句不痛不痒、不带有任何情绪和语气的话：你给我一个理由。

我一直都不知道要如何接上这句话。后来，也时不时就会听到别人说这句话，每一次我都无言以对。

直到我遇见璐璐。

璐璐和我共同工作过一段时间，只是短暂的两个多月而已。那个时候她还没有毕业，不过学校里的事情已经办完了，只等着拿毕业证了，因为闲得慌，就过来找了份兼职，恰好我们那里很忙需要人手。

她是一个很独特的女孩子，怎么个独特法呢？性格有点儿怪。

但凡她决定的事情，就绝对不会有更改的机会，而且无论面对谁，无论面对多少人，说做就做，从不理会旁人怪异的目光。

除了脾气有点儿怪之外，她还是个文艺女青年，喜欢穿那种棉布裙子，淡灰色的那种，上面配一件T恤，下面配一双波西米亚风的凉鞋。大概就是许多杂志上拍出的那种文艺小清新的姑娘的样子。

文艺女青年嘛，都喜欢写个文章，拍个图片什么的，璐璐也不例外。璐璐和我说，她最向往的职业就是老师，最好是初中老师，因为小学生太小不懂事，高中生和大学生又都太成熟了，初中生刚刚好。她之所以想做老师，是因为业余时间会多一些，好让她写写文章、搞搞摄影什么的。

最后，她吐了吐舌头，说，当老师还有寒暑假。

其实，那个时候，璐璐已经和一家中外合资的企业签下了，等她拿到毕业证便可以直接去那家企业报到。我私下里打听了一下，是一家很不错的企业，员工福利很不错，而且，璐璐说过了实习期，她基本上每个月的工资就可以到五千元了。据说，有了一定的工龄，还可以分房子。这对于一个外地人而言，真的是一个再好不过的消息。

可言谈间，我发现璐璐依旧放不下自己的教师梦。

我说，要不然你别去了，干脆考老师算了。

璐璐白了我一眼，你给我一个理由。

我又是哑然。是啊，她已经签了那么好的工作，工作稳定，工资很高，过不了几年还可以分房子，还可以升职加薪，谁会放弃那么好的工作呢？

两个月之后，璐璐的兼职工作结束，和我道别便离开了。

之后一直没有她的消息，直到某一天，我忽然接到了她的电话。

她说，我听了你的话，考上了！

我当时就想，考上什么了？可我还没说出来，就听见她在那边兴高采烈地约我吃个饭。我欣然赴约，这才知道，原来她真的听了我的话，没有去那家企业报到，而是考了老师，结果，真的考上了，还是以第一名的成绩考上的。

在我们这里考上有编制的老师可不是一件容易的事，再说璐璐又是外地人，更是难上加难。因为各个地方都喜欢优先录取自己地方上的人，毕竟当地的人在很多方面都方便一些，且不需要解决户口，不需要解决住宿问题，节假日值班也方便，而外地人过来则需要各种被照顾。所以，常常会出现外地人考的分数明明比当地人多，却在复试的时候被当地人比下去。

一个外地人想要考上编制教师，那就一定要有压倒性的分数，璐璐就是用压倒性的分数拿到了第一名的成绩，成功跻身到了教师行列。

整顿饭，璐璐的脸上都带着骄傲的神色，她梦想中的生活马上就要成真了。如果是我，我也会兴奋的。

可是，我真的不解，如果没有考试，她可能已经在那家大企业立足了，已经过去了大半年的时间，说不定她都有加薪的机会了。况且，虽然教师的待遇一再提升，可毕竟比不上那家大企业，更何况，那家企业将来还会分房子。

我问她，你当初让我给你一个理由，你自己是想到了什么理由，才做出这样的选择的？

她一边吃着蔬菜沙拉，一边很认真地回答我，没有理由。

没有理由？怎么可能？这不是一个小决定，这可是关系到人生的重大选择，更何况，她为了筹备考试，在家里没有任何收入的情况下足足撑了半年的时间。

她一边大口嚼着蔬菜，一边仔细思索了一阵子，还是摇了摇头，说，人生是我自己的，生活是我自己的，我拼一次需要什么理由吗？

最后，她见我还是一脸茫然，塞给我一句，如果说有，那可能就是不想以后后悔吧。

是啊，人生是我们自己的，生活也是我们自己的，为了我们自己拼一次，需要理由吗？

我们这一生，几十年的光景，会面临太多太多的选择，坐着当然比站着舒服，躺着自然也比坐着舒服，无所事事当然比整日忙碌舒服，混吃等死当然比拼命挣扎舒服。

我们当然可以选择“舒服”地活着，但那样真的很舒服吗？那样真的有意义吗？

去拼一次吧，没有任何理由，因为为了自己的生活去打拼，不需要任何理由。